plurall
Parabéns!
Agora você faz parte do Plurall, a plataforma digital do seu livro didático!
No Plurall, você tem acesso gratuito aos recursos digitais deste livro por meio do seu computador, celular ou tablet.
Venha para o Plurall e descubra uma nova forma de estudar!
Baixe o aplicativo do Plurall para Android e IOS ou acesse www.plurall.net e cadastre-se utilizando o seu código de acesso exclusivo:
CB028463
AAPAAQE6W
HIST_GEO_1ANO
Este é o seu código de acesso Plurall. Cadastre-se e ative-o para ter acesso aos conteúdos relacionados a esta obra.
@plurallnet
@plurallnetoficial
SOMOS EDUCAÇÃO

Maria Teresa Marsico

Licenciada em Letras pela Universidade Federal do Rio de Janeiro (UFRJ).
Pedagoga pela Sociedade Unificada de Ensino Superior Augusto Motta.
Atuou por mais de trinta anos como professora de Educação Infantil e Ensino Fundamental das redes municipal e particular do estado do Rio de Janeiro.

Maria Elisabete Martins Antunes

Licenciada em Letras pela Universidade Federal do Rio de Janeiro (UFRJ).
Atuou durante trinta anos como professora titular em turmas do 1º ao 5º ano da rede municipal de ensino do estado do Rio de Janeiro.

Armando Coelho de Carvalho Neto

Atua desde 1981 com alunos e professores das redes pública e particular de ensino do estado do Rio de Janeiro.
Desenvolve pesquisas e estudos sobre metodologias e teorias modernas de aprendizado.
Autor de obras didáticas para Ensino Fundamental e Educação Infantil desde 1993.

Vívian dos Santos Marsico

Pós-graduada em Odontologia pela Universidade Gama Filho.
Mestra em Odontologia pela Universidade de Taubaté.
Pedagoga em formação pela Universidade Veiga de Almeida.
Professora universitária.

Direção Presidência: Mario Ghio Júnior
Direção de Conteúdo e Operações: Wilson Troque
Direção editorial: Luiz Tonolli e Lidiane Vivaldini Olo
Gestão de projeto editorial: Tatiany Renó
Gestão de área: Brunna Paulussi
Coordenação: Mariangela Secco
Edição: Caren Midori Inoue, Érica Lamas, Fabiana Lima, Simone de Souza Poiani
Planejamento e controle de produção: Patrícia Eiras e Adjane Queiroz
Desenvolvimento Página +: Bambara Educação
Revisão: Hélia de Jesus Gonsaga (ger.), Kátia Scaff Marques (coord.), Rosângela Muricy (coord.), Aline Cristina Vieira, Ana Maria Herrera, Ana Paula C. Malfa, Arali Gomes, Brenda T. M. Morais, Carlos Eduardo Sigrist, Cesar G. Sacramento, Claudia Virgilio, Diego Carbone, Gabriela M. Andrade, Heloísa Schiavo, Hires Heglan, Kátia S. Lopes Godoi, Lilian M. Kumai, Luciana B. Azevedo, Luís M. Boa Nova, Luiz Gustavo Bazana, Patrícia Travanca, Paula Rubia Baltazar, Sandra Fernandez, Vanessa P. Santos; Amanda T. Silva e Bárbara de M. Genereze (estagiárias)
Arte: Daniela Amaral (ger.), Claudio Faustino (coord.), Daniele Fátima Oliveira (edição de arte)
Diagramação: Casa de Ideias
Iconografia e tratamento de imagem: Sílvio Kligin (ger.), Denise Durand Kremer (coord.), Thaisi Albarracin Lima (pesquisa iconográfica), Cesar Wolf e Fernanda Crevin (tratamento)
Licenciamento de conteúdos de terceiros: Thiago Fontana (coord.), Liliane Rodrigues e Angra Marques (licenciamento de textos), Erika Ramires, Luciana Pedrosa Bierbauer, Luciana Cardoso Sousa e Claudia Rodrigues (analistas adm.)
Ilustrações: Bruna Assis Brasil (Aberturas de unidade), Ilustra Cartoon, Rlima, Vanessa Prezoto
Cartografia: Eric Fuzii (coord.)
Design: Gláucia Koller (ger.), Flávia Dutra (proj. gráfico e capa), Erik Taketa (pós-produção) e Gustavo Vanini (assist. arte)
Ilustração e adesivos de capa: Estúdio Luminos

Avenida das Nações Unidas, 7221, 1º andar, Setor D
Pinheiros – São Paulo – SP – CEP 05425-902
Tel.: 4003-3061
www.scipione.com.br / atendimento@scipione.com.br

Dados Internacionais de Catalogação na Publicação (CIP)
(Câmara Brasileira do Livro, SP, Brasil)

Marcha criança história e geografia 1º ano / Maria Teresa Marsico... [et al.] - 3. ed. - São Paulo : Scipione, 2019.

Suplementado pelo manual do professor.
Bibliografia.
Outros autores: Maria Elisabete Martins Antunes, Armando Coelho de Carvalho Neto, Vivian dos Santos Marsico.
ISBN: 978-85-474-0203-7 (aluno)
ISBN: 978-85-474-0205-1 (professor)

1. História (Ensino fundamental). 2. Geografia (Ensino fundamental). I. Marsico, Maria Teresa. II. Antunes, Maria Elisabete Martins. III. Carvalho Neto, Armando Coelho de. IV. Marsico, Vivian dos Santos.

2019-0098 CDD: 372.89

Julia do Nascimento - Bibliotecária - CRB-8/010142

2019
Código da obra CL 742222
CAE 648296 (AL) / 648297 (PR)
3ª edição
1ª impressão
De acordo com a BNCC.

Impressão e acabamento: A.R. Fernandez

Os textos sem referência foram elaborados para esta coleção.

Bruna Assis Brasil/Arquivo da editora

Com ilustrações de **Bruna Assis Brasil**, seguem abaixo os créditos das fotos utilizadas nas aberturas de Unidade:

HISTÓRIA – UNIDADE 1: Gira-gira: Olha Tsiplyar/Shutterstock, **Arbusto**: sakdam/Shutterstock, **Placa bicicleta**: Thanapongka1/Shutterstock, **Comidas**: stockcreations/Shutterstock, **Cadeira de rodas**: Tom Wang/Shutterstock, **Lixeiras**: VVO/Shutterstock, **Placa pedestre**: ANDREY-SHA74/Shutterstock, **Toalha piquenique**: Iuliia Syrotina/Shutterstock;

HISTÓRIA – UNIDADE 2: Cadeira de praia 1: LightField Studios/Shutterstock, **Guarda-sol**: Veniamin Kraskov/Shutterstock, **Castelo de areia**: SR-design/Shutterstock, **Cadeira de praia 2**: Sergiu Ungureanu/Shutterstock, **Conchas**: Aleksandr Simonov/Shutterstock, **Céu e mar**: Myroslava Bozhko/Shutterstock;

HISTÓRIA – UNIDADE 3: Objetos de jardinagem: photka/Shutterstock, **Caixa com plantas e pá**: ABO PHOTOGRAPHY/Shutterstock, **Moita**: sakdam/Shutterstock, **Bota e vasos**: Maya Kruchankova/Shutterstock, **Janela**: Food Travel Stockforlife/Shutterstock, **Mesa e cadeiras**: valeriiaarnaud/Shutterstock, **Cozinha**: Crystal Alba/Shutterstock;

HISTÓRIA – UNIDADE 4: Salada de frutas: Oksana Mizina/Shutterstock, **Lancheira verde**: NatalyaBond/Shutterstock, **Muro**: nexus 7/Shutterstock, **Banco**: Ron Zmiri/Shutterstock, **Janelas**: Josef Hanus/Shutterstock, **Cesto com maçãs**: msheldrake/Shutterstock, **Cesto com flores e cesto com morangos e pães**: Kryvenok Anastasiia/Shutterstock, **Lancheira rosa**: Billion Photos/Shutterstock, **Toalha e comidas de piquenique**: Rawpixel.com/Shutterstock, **Lancheira amarela**: Africa Studio/Shutterstock, **Tabela e cesta de basquete**: Nattapon Ployngam/Shutterstock, **Telhado**: Radovan1/Shutterstock, **Cesta de piquenique**: fotohunter/Shutterstock.

GEOGRAFIA – UNIDADE 1: Cesta de piquenique: ThiagoSantos/Shutterstock, **Árvore 1**: seeyou/Shutterstock, **Placa bicicleta**: happycreator/Shutterstock, **Placa de madeira 1**: Photo_SS/Shutterstock, **Escorregador**: Dmitri Ma/Shutterstock, **Caixa de areia**: yykkaa/Shutterstock, **Escorregador laranja**: yykkaa/Shutterstock, **Árvore 2**: iamcheva/Shutterstock, **Lixeiras**: Thomas Soellner/Shutterstock, **Toalha de piquenique**: NYS/Shutterstock, **Placa de madeira 2**: NatSarunyoo536/Shutterstock, **Manga**: Maks Narodenko/Shutterstock, **Jaca**: PISUTON'c/Shutterstock;

GEOGRAFIA – UNIDADE 2: Folha de papel: NataLT/Shutterstock, **Rússia**: FOTOGRIN/Shutterstock, **Rio de Janeiro**: Fred S. Pinheiro/Shutterstock, **Japão**: John J Brown/Shutterstock, **África**: Chris Murer/Shutterstock;

GEOGRAFIA – UNIDADE 3: Filtro de barro: Elton Abreu/Shutterstock, **Prédio claro**: elxeneize/Shutterstock, **Casas**: V J Matthew/Shutterstock, **Sobrado terracota**: Nikiforov Alexander/Shutterstock;

GEOGRAFIA – UNIDADE 4: Monumento na praça: Kamira/Shutterstock, **Farmácia**: T-I-H-I/Shutterstock, **Semáforo de pedestres**: Srdjan Randjelovic/Shutterstock, **Banco de praça**: vilax/Shutterstock, **Carro vermelho**: PaulPaladin/Shutterstock, **Moto**: aon168/Shutterstock, **Padaria**: Kruma/Shutterstock, **Lixeira**: viktor95/Shutterstock, **Prédio**: Sylvie Bouchard/Shutterstock, **Placa bicicleta**: Matheus Obst/Shutterstock, ***Pet shop***: Angelo Cordeschi/Shutterstock.

APRESENTAÇÃO

QUERIDO ALUNO

PREPARAMOS ESTE LIVRO ESPECIALMENTE PARA QUEM GOSTA DE ESTUDAR, APRENDER E SE DIVERTIR! ELE FOI PENSADO, COM MUITO CARINHO, PARA PROPORCIONAR A VOCÊ UMA APRENDIZAGEM QUE LHE SEJA ÚTIL POR TODA A VIDA!

EM TODAS AS UNIDADES, AS ATIVIDADES PROPOSTAS OFERECEM OPORTUNIDADES QUE CONTRIBUEM PARA SEU DESENVOLVIMENTO E PARA SUA FORMAÇÃO! ALÉM DISSO, SEU LIVRO ESTÁ MAIS INTERATIVO E PROMOVE DISCUSSÕES QUE VÃO AJUDÁ-LO A SOLUCIONAR PROBLEMAS E A CONVIVER MELHOR COM AS PESSOAS!

CONFIRA TUDO ISSO NO **CONHEÇA SEU LIVRO**, NAS PRÓXIMAS PÁGINAS!

SEJA CRIATIVO, APROVEITE O QUE JÁ SABE, FAÇA PERGUNTAS, OUÇA COM ATENÇÃO...

... E COLABORE PARA FAZER UM MUNDO MELHOR!

BONS ESTUDOS E UM FORTE ABRAÇO,

MARIA TERESA, MARIA ELISABETE,
VÍVIAN E ARMANDO

Bruna Assis Brasil/Arquivo da editora

CONHEÇA SEU LIVRO

VEJA A SEGUIR COMO SEU LIVRO ESTÁ ORGANIZADO.

UNIDADE

SEU LIVRO ESTÁ ORGANIZADO EM QUATRO UNIDADES. AS ABERTURAS SÃO COMPOSTAS DOS SEGUINTES BOXES:

ENTRE NESTA RODA

VOCÊ E SEUS COLEGAS TERÃO A OPORTUNIDADE DE CONVERSAR SOBRE A IMAGEM APRESENTADA E A RESPEITO DO QUE JÁ SABEM SOBRE O TEMA DA UNIDADE.

NESTA UNIDADE VAMOS ESTUDAR...

VOCÊ VAI ENCONTRAR UMA LISTA DOS CONTEÚDOS QUE SERÃO ESTUDADOS NA UNIDADE.

VOCÊ EM AÇÃO

VOCÊ ENCONTRARÁ ESTA SEÇÃO EM TODAS AS DISCIPLINAS. EM **HISTÓRIA** E **GEOGRAFIA**, ELA PROPÕE ATIVIDADES PRÁTICAS E DIVERTIDAS, PESQUISA E CONFECÇÃO DE OBJETOS.

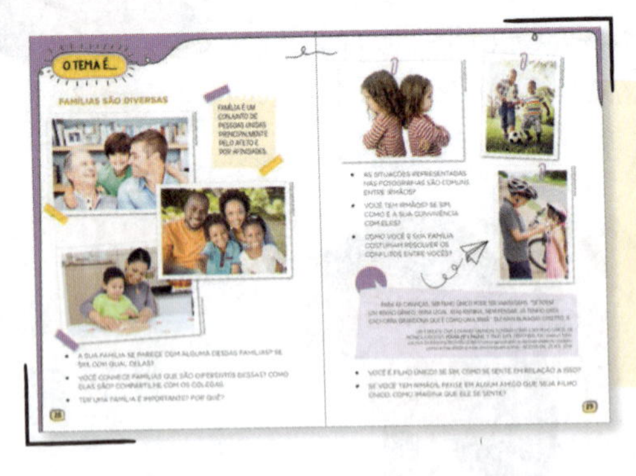

O TEMA É...

COMUM A TODAS AS DISCIPLINAS, A SEÇÃO TRAZ UMA SELEÇÃO DE TEMAS PARA VOCÊ REFLETIR, DISCUTIR E APRENDER MAIS, PODENDO ATUAR NO SEU DIA A DIA COM MAIS CONSCIÊNCIA!

AMPLIANDO O VOCABULÁRIO

ALGUMAS PALAVRAS ESTÃO DESTACADAS NO TEXTO E O SIGNIFICADO DELAS APARECE SEMPRE NA MESMA PÁGINA. ASSIM, VOCÊ PODE AMPLIAR SEU VOCABULÁRIO.

ATIVIDADES

MOMENTO DE VERIFICAR SE OS CONTEÚDOS FORAM COMPREENDIDOS POR MEIO DE ATIVIDADES DIVERSIFICADAS.

SAIBA MAIS

BOXES COM CURIOSIDADES, REFORÇOS E DICAS SOBRE O CONTEÚDO ESTUDADO.

PÁGINA +

AO FINAL DO LIVRO, UMA PÁGINA COM MUITAS NOVIDADES QUE EXPLORAM O CONTEÚDO ESTUDADO AO LONGO DO ANO.

MATERIAL COMPLEMENTAR

CADERNO DE CRIATIVIDADE E ALEGRIA

MATERIAL QUE EXPLORA OS CONTEÚDOS DE HISTÓRIA E GEOGRAFIA DE FORMA DIVERTIDA E CRIATIVA!

CADERNO DE MAPAS

MATERIAL QUE TRAZ NOVOS CONTEÚDOS PARA VOCÊ APRENDER MAIS SOBRE OS MAPAS E OUTRAS REPRESENTAÇÕES CARTOGRÁFICAS.

O MUNDO EM NOTÍCIAS

UM JORNAL RECHEADO DE CONTEÚDOS PARA VOCÊ EXPLORAR E APRENDER MAIS! ELABORADO EM PARCERIA COM O JORNAL *JOCA*.

QUANDO VOCÊ ENCONTRAR ESTES ÍCONES, FIQUE ATENTO!

SUMÁRIO GERAL

HISTÓRIA

GEOGRAFIA

HISTÓRIA

SUMÁRIO

avs/Shutterstock

wavebreakmedia/Shutterstock

UNIDADE 3 UM LUGAR PARA MORAR

UNIDADE 4 A ESCOLA

Fabio Colombini/Acervo do fotógrafo

Sérgio Pedreira/Pulsar Imagens

UNIDADE 1

CADA UM É COMO É

Bruna Assis Brasil/
Arquivo da editora

ENTRE NESTA RODA

- VOCÊ JÁ FOI A ALGUM PARQUE? DO QUE MAIS GOSTOU NELE?
- DE QUAL DAS ATIVIDADES REPRESENTADAS NA IMAGEM VOCÊ GOSTA MAIS?
- VOCÊ SE PARECE COM ALGUMA DAS CRIANÇAS DA IMAGEM? SE SIM, COM QUAL DELAS?

NESTA UNIDADE VAMOS ESTUDAR...

- NOME E SOBRENOME
- DIVERSIDADE
- PREFERÊNCIAS PESSOAIS

1 TODO MUNDO TEM NOME

QUANDO ALGUÉM PERGUNTA QUEM É VOCÊ, QUAL É A SUA RESPOSTA? PROVAVELMENTE VOCÊ VAI DIZER O SEU NOME.

O NOME É MUITO IMPORTANTE. ELE VAI ACOMPANHAR VOCÊ POR TODA A VIDA.

TODA CRIANÇA TEM DIREITO A UM NOME E A UM SOBRENOME.

VOCÊ JÁ SABE O NOME DE TODOS OS SEUS COLEGAS DE CLASSE?

E O SEU NOME, QUEM ESCOLHEU? POR QUE ELE FOI ESCOLHIDO? PERGUNTE A SEUS FAMILIARES E CONTE AOS COLEGAS.

Ilustra Cartoon/Arquivo da editora

ALÉM DO NOME, VOCÊ TAMBÉM TEM UM SOBRENOME.

ASSIM COMO O PRIMEIRO NOME, O SOBRENOME É UMA FORMA DE IDENTIFICAÇÃO. O SEU SOBRENOME TAMBÉM É USADO PELAS PESSOAS DA SUA FAMÍLIA.

- O QUE ACONTECERIA SE VOCÊ NÃO TIVESSE SOBRENOME? CONTE AOS SEUS COLEGAS.

1 PESQUISE, COM OS SEUS FAMILIARES, AS INFORMAÇÕES NECESSÁRIAS PARA COMPLETAR O QUADRO ABAIXO.

O MEU NOME É ....

O MEU SOBRENOME É ....

O MEU NOME FOI ESCOLHIDO POR ....

NASCI EM .... ,

NO DIA .... DE .... DE ....

TENHO .... ANOS.

O NOME DA MINHA MÃE É ....

O NOME DO MEU PAI É ....

2 OBSERVE COMO ALICE ESTÁ DIFERENTE DE QUANDO NASCEU.

Ilustra Cartoon/Arquivo da editora

A) COMO ALICE, VOCÊ TAMBÉM PASSOU POR MUDANÇAS. O QUE MUDOU EM VOCÊ? VOCÊ SE LEMBRA DE ALGUMA DESSAS MUDANÇAS? CONVERSE COM UM COLEGA SOBRE ELAS.

B) NO ESPAÇO ABAIXO FAÇA UM DESENHO OU COLE UMA FOTO DE QUANDO VOCÊ ERA BEBÊ. DEPOIS, COMPLETE A LEGENDA.

- NESTA IMAGEM EU TINHA .... MESES.

C) NO ESPAÇO ABAIXO, DESENHE COMO VOCÊ É HOJE OU COLE UMA FOTO SUA ATUAL. DEPOIS, COMPLETE A LEGENDA.

- NESTA IMAGEM EU ESTOU COM .... ANOS.

2 SOMOS TODOS DIFERENTES

AS PESSOAS PODEM TER MUITAS SEMELHANÇAS ENTRE SI, MAS CADA UMA TEM UM JEITO PRÓPRIO DE SER, DE PENSAR, DE FALAR E DE SE COMPORTAR.

OBSERVE ESTAS FOTOGRAFIAS.

Riccardo Lennart Niels Mayer/Alamy/Fotoarena

Fabio Colombini/Acervo do fotógrafo

Lena Nester/Shutterstock

avs/Shutterstock

EM TODO O MUNDO, HÁ GRANDE **DIVERSIDADE** DE PESSOAS, MAS CADA UM DE NÓS É ÚNICO.

DIVERSIDADE: AQUILO QUE É DIFERENTE; VARIEDADE.

- VOCÊ CONHECE ALGUÉM IDÊNTICO A VOCÊ?

ATIVIDADES

1 ACOMPANHE COM O PROFESSOR A LEITURA DA LETRA DA CANÇÃO.

NORMAL É SER DIFERENTE

TÃO LEGAL, Ó MINHA GENTE
PERCEBER QUE É MAIS FELIZ QUEM COMPREENDE
QUE AMIZADE NÃO VÊ COR NEM CONTINENTE
E O NORMAL ESTÁ NAS COISAS DIFERENTES

AMIGO TEM DE TODA COR, DE TODA RAÇA
TODA CRENÇA, TODA GRAÇA
AMIGO É DE QUALQUER LUGAR
TEM GENTE ALTA, BAIXA, GORDA, MAGRA
MAS O QUE ME AGRADA
É QUE UM AMIGO A GENTE ACOLHE SEM PENSAR [...]

Vanessa Prezoto/Arquivo da editora

NORMAL É SER DIFERENTE, DE GRANDES PEQUENINOS. **O MUNDO É GRANDE E PEQUENINO** (DVD), 2016.

- CONFORME A LETRA DA CANÇÃO, SER DIFERENTE:

☐ NÃO É NORMAL. ☐ É NORMAL.

2 OBSERVE AS CRIANÇAS DAS FOTOGRAFIAS ABAIXO.

realpeople/Shutterstock

T.TATSU/Shutterstock

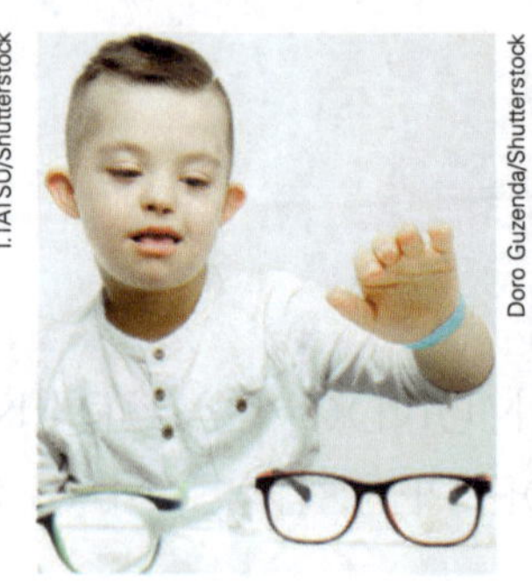
Doro Guzenda/Shutterstock

Fabio Colombini/Acervo do fotógrafo

- VOCÊ SE PARECE COM ALGUMA DELAS? CONVERSE COM OS COLEGAS.

3 AS PREFERÊNCIAS DE CADA UM

CARLOS E PEDRO SÃO GÊMEOS. FISICAMENTE ELES SÃO MUITO PARECIDOS, MAS SERÁ QUE ELES SÃO PARECIDOS EM TUDO? OBSERVE AS IMAGENS E LEIA OS BALÕES DE FALA.

CADA UM TEM SEU JEITO E SUAS PREFERÊNCIAS.

VEJA O QUE ESTAS OUTRAS CRIANÇAS GOSTAM DE FAZER.

Ilustrações: Ilustra Cartoon/Arquivo da editora

- E VOCÊ, O QUE GOSTA DE FAZER? CONTE AOS SEUS COLEGAS.

1 OBSERVE AS LEGENDAS. DEPOIS, PINTE OS QUADRINHOS DE ACORDO COM A COR QUE EXPRESSA SEU GOSTO.

- GOSTO MUITO. (verde)
- NÃO GOSTO. (vermelho)
- GOSTO POUCO. (azul)

☐ Modernlove/Shutterstock

☐ Simone van den Berg/Shutterstock

☐ IIFede/Shutterstock

☐ Jakub Gruchot/Shutterstock

☐ Fotostoker/Shutterstock

☐ Knartz/Shutterstock

2 MARQUE UM **X** NOS QUADRINHOS CORRESPONDENTES AO SEU JEITO DE SER.

☐ BRINCALHÃO	☐ TEIMOSO	☐ GENTIL
☐ AMIGO	☐ TÍMIDO	☐ MEDROSO
☐ BAGUNCEIRO	☐ ALEGRE	☐ TRISTE
☐ EDUCADO	☐ CALMO	☐ AGITADO

3 FAÇA A ATIVIDADE *BRINCANDO COM AS DIFERENÇAS* DA PÁGINA 3 DO **CADERNO DE CRIATIVIDADE E ALEGRIA**.

4 EM UMA FOLHA AVULSA, ESCREVA O NOME DE TRÊS BRINCADEIRAS DE QUE VOCÊ MAIS GOSTA. DEPOIS, TROQUE DE FOLHA COM UM COLEGA. VEJA QUAIS SÃO AS BRINCADEIRAS PREFERIDAS DELE E COMPARE-AS COM AS SUAS.

AO FINAL, RESPONDA: VOCÊS ESCOLHERAM AS MESMAS BRINCADEIRAS? MARQUE COM UM **X**.

- [ ] SIM, ALGUMAS.
- [ ] NÃO, NENHUMA.
- [ ] SIM, TODAS.

SAIBA MAIS

BRINCADEIRAS ANTIGAS

PENSE EM TODAS AS BRINCADEIRAS QUE VOCÊ CONHECE. AGORA IMAGINE COLOCAR TODAS ELAS EM UMA ÚNICA CENA.

O PINTOR PIETER BRUEGEL, CONHECIDO COMO "O VELHO", REUNIU DIVERSAS BRINCADEIRAS EM SUA OBRA **JOGOS INFANTIS**, DE 1560.

ALGUMAS DESSAS BRINCADEIRAS EXISTEM ATÉ HOJE.

JOGOS INFANTIS, ÓLEO SOBRE MADEIRA DE PIETER BRUEGEL, 1560.

O TEMA É...

O QUE VOCÊ PENSA E SENTE

- VOCÊ SENTE MEDO DE QUÊ?
- COMO VOCÊ SE SENTE QUANDO NÃO PODE FAZER ALGO DE QUE GOSTA MUITO?
- O QUE VOCÊ MAIS GOSTA DE FAZER NO DIA A DIA?

Ilustrações: Ilustra Cartoon/Arquivo da editora

O QUE PENSAMOS E SENTIMOS FAZ PARTE DO NOSSO JEITO DE SER.

HÁ MILHÕES DE CRIANÇAS NO MUNDO, MAS NENHUMA DELAS É EXATAMENTE IGUAL A VOCÊ. CADA UMA PENSA E SENTE DE FORMA DIFERENTE.

- O QUE ESTAS CRIANÇAS PARECEM ESTAR SENTINDO? ELAS ESTÃO ALEGRES, TRISTES, COM RAIVA, ESPANTADAS OU COM MEDO?

Daxiao Productions/Shutterstock
Robert Kneschke/Shutterstock
Christophe Testi/Shutterstock

- VOCÊ CONHECE OS *EMOJIS*? ALGUM DOS *EMOJIS* A SEGUIR EXPRESSA O QUE AS CRIANÇAS DAS FOTOS ESTÃO SENTINDO?
- ALGUM DELES EXPRESSA COMO VOCÊ ESTÁ SE SENTINDO NESTE MOMENTO?
- O QUE JÁ FEZ VOCÊ CHORAR?
- E O QUE DEIXA VOCÊ CONTENTE?

Ilustrações: Ilustra Cartoon/Arquivo da editora

AUTORRETRATO

VOCÊ JÁ VIU UM AUTORRETRATO?

AUTORRETRATO É O RETRATO QUE UM ARTISTA FAZ DE SI MESMO. NELE, O ARTISTA REFLETE SUA IMAGEM, SEU JEITO, A ÉPOCA EM QUE VIVE, ETC.

AS IMAGENS ABAIXO RETRATAM TARSILA DO AMARAL, UMA IMPORTANTE PINTORA BRASILEIRA. ELA NASCEU EM CAPIVARI, NO ESTADO DE SÃO PAULO, EM 1886. FOI UMA DAS FIGURAS CENTRAIS DO MOVIMENTO ARTÍSTICO BRASILEIRO CHAMADO **MODERNISMO**. TARSILA FALECEU EM 1973.

AUTORRETRATO, ÓLEO SOBRE PAPEL-TELA DE TARSILA DO AMARAL, 1924.

FOTOGRAFIA DE TARSILA DO AMARAL, SEM DATA.

- NA SUA OPINIÃO, O AUTORRETRATO DA ARTISTA SE PARECE COM ELA?

AGORA É A SUA VEZ! QUE TAL FAZER SEU AUTORRETRATO?

MATERIAL NECESSÁRIO

- FOLHA DE PAPEL SULFITE
- LÁPIS DE COR E GIZ DE CERA
- UMA FOTOGRAFIA DE SI MESMO OU UM ESPELHO
- TESOURA COM PONTAS ARREDONDADAS
- COLA
- PAPELÃO

COMO FAZER

1 PARA COMEÇAR, OBSERVE A SUA IMAGEM NO ESPELHO OU NA FOTOGRAFIA QUE ESCOLHEU.

2 DESENHE A SI MESMO NA FOLHA DE PAPEL SULFITE. PRESTE ATENÇÃO NAS SUAS CARACTERÍSTICAS FÍSICAS, COMO O FORMATO DOS SEUS OLHOS, DO NARIZ, DA BOCA, CABELO, ETC. PINTE O SEU DESENHO COMO PREFERIR. LEMBRE-SE DE ASSINAR SEU AUTORRETRATO.

3 CORTE O PAPELÃO NO MESMO TAMANHO DA FOLHA DE PAPEL SULFITE. PARA ISSO, VOCÊ PODE COLOCAR A FOLHA SOBRE O PAPELÃO E FAZER O CONTORNO COM LÁPIS. CORTE NOS TRAÇOS MARCADOS. COLE SEU DESENHO NO PAPELÃO.

AGORA É SÓ EXPOR SEU AUTORRETRATO NO MURAL DA SALA.

- O SEU AUTORRETRATO FICOU PARECIDO COM A SUA FOTO OU COM A SUA IMAGEM NO ESPELHO?
- OBSERVANDO OS AUTORRETRATOS DOS COLEGAS, O QUE É POSSÍVEL PERCEBER?

UNIDADE 2

A FAMÍLIA

ENTRE NESTA RODA

- ALGUMA DESSAS FAMÍLIAS SE PARECE COM A SUA? JUSTIFIQUE SUA RESPOSTA.
- QUE ATIVIDADES VOCÊ COSTUMA FAZER COM SUA FAMÍLIA?
- COM QUEM VOCÊ PASSA A MAIOR PARTE DO SEU TEMPO QUANDO NÃO ESTÁ NA ESCOLA?

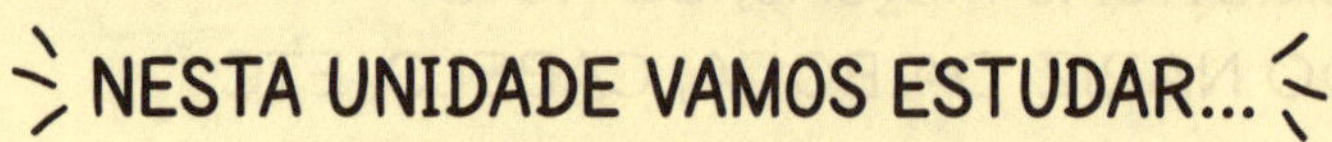

NESTA UNIDADE VAMOS ESTUDAR...

- OS DIFERENTES TIPOS DE FAMÍLIA
- AS HISTÓRIAS DAS FAMÍLIAS
- FAMÍLIAS DE OUTROS TEMPOS

Bruna Assis Brasil/Arquivo da editora

4 CADA FAMÍLIA É DE UM JEITO

VOCÊ VIU QUE AS FAMÍLIAS NÃO SÃO TODAS IGUAIS. EXISTEM DIFERENTES TIPOS DE FAMÍLIA E CADA UMA TEM SEU JEITO, SEUS COSTUMES, SUAS HISTÓRIAS.

OBSERVE O QUE CADA CRIANÇA FALA SOBRE A PRÓPRIA FAMÍLIA:

Ilustrações: Ilustra Cartoon/Arquivo da editora

EU MORO COM MEU PAI, MINHA MÃE E MEUS IRMÃOS. MEUS PAIS TRABALHAM FORA E TAMBÉM CUIDAM DA CASA.

MEUS PAIS SÃO SEPARADOS. MINHA MÃE CASOU DE NOVO E EU TENHO UMA IRMÃZINHA LINDA.

5 FAMÍLIAS DE OUTROS TEMPOS

NO PASSADO, AS FAMÍLIAS ERAM BEM DIFERENTES DAS FAMÍLIAS DE HOJE.

OBSERVE AS FOTOGRAFIAS ABAIXO E VEJA UM EXEMPLO DE FAMÍLIA ANTIGA E UM EXEMPLO DE FAMÍLIA ATUAL.

Reprodução/Arquivo do Centro de Estudos da Casa do Pinhal, São Carlos, SP

ESTA FOTO DO SÉCULO 19 MOSTRA UMA FAMÍLIA NUMEROSA, BASTANTE COMUM ANTIGAMENTE.

Cesar Diniz/Pulsar Imagens

ATUALMENTE, AS FAMÍLIAS COSTUMAM SER MENORES. FOTO DE 2017.

ATIVIDADES

1 RESPONDA ÀS PERGUNTAS A SEGUIR SOBRE SUA FAMÍLIA.

A) QUANTOS ADULTOS MORAM COM VOCÊ? ☐

QUEM SÃO ELES?

....

....

....

B) QUANTAS CRIANÇAS E ADOLESCENTES MORAM COM VOCÊ? ☐

ESCREVA O NOME E A IDADE DE CADA UM DELES.

....

....

....

C) QUANTAS PESSOAS VÃO À ESCOLA? ☐

D) QUANTAS PESSOAS TRABALHAM? ☐

ESCREVA O NOME DE CADA UMA DELAS E EXPLIQUE QUEM SÃO.

....

....

....

E) QUEM CUIDAVA DE VOCÊ QUANDO VOCÊ ERA BEBÊ?

....

F) E, ATUALMENTE, QUEM É A PESSOA QUE CUIDA DE VOCÊ?

....

Ilustrações: Ilustra Cartoon/ Arquivo da editora

2 PREENCHA O DIAGRAMA ABAIXO COM O SEU NOME, O NOME DOS SEUS PAIS E DE SEUS AVÓS. FAÇA UM DESENHO REPRESENTANDO CADA MEMBRO DA SUA FAMÍLIA.

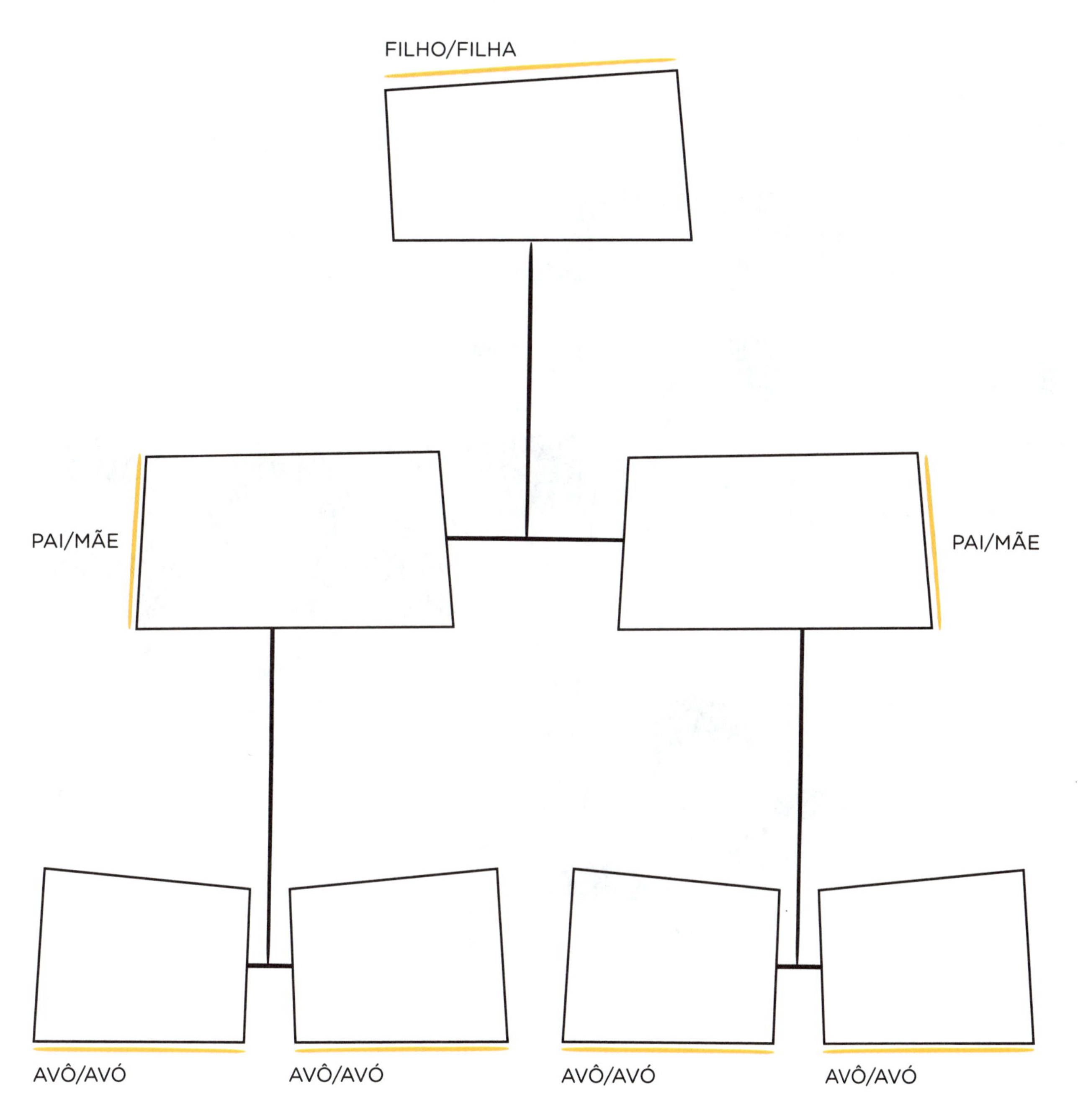

3 OBSERVE O DIAGRAMA QUE VOCÊ PREENCHEU. AGORA, RESPONDA:

- QUAIS DAS PESSOAS REPRESENTADAS ACIMA MORAM COM VOCÊ?
- VOCÊ ENCONTRA SEUS AVÓS COM FREQUÊNCIA? EM QUE OCASIÕES?

O TEMA É...

FAMÍLIAS SÃO DIVERSAS

FAMÍLIA É UM CONJUNTO DE PESSOAS UNIDAS PRINCIPALMENTE PELO AFETO E POR AFINIDADES.

wavebreakmedia/Shutterstock

wavebreakmedia/Shutterstock

Fernando Favoretto/Criar Imagem

- A SUA FAMÍLIA SE PARECE COM ALGUMA DESSAS FAMÍLIAS? SE SIM, COM QUAL DELAS?
- VOCÊ CONHECE FAMÍLIAS QUE SÃO DIFERENTES DESSAS? COMO ELAS SÃO? COMPARTILHE COM OS COLEGAS.
- TER UMA FAMÍLIA É IMPORTANTE? POR QUÊ?

Noam Armonn/Shutterstock

Rawpixel.com/Shutterstock

- AS SITUAÇÕES REPRESENTADAS NAS FOTOGRAFIAS SÃO COMUNS ENTRE IRMÃOS?
- VOCÊ TEM IRMÃOS? SE SIM, COMO É A SUA CONVIVÊNCIA COM ELES?
- COMO VOCÊ E SUA FAMÍLIA COSTUMAM RESOLVER OS CONFLITOS ENTRE VOCÊS?

Vitali Michkou/Shutterstock

PARA AS CRIANÇAS, SER FILHO ÚNICO PODE TER VANTAGENS. "SE FOSSE UM IRMÃO GÊMEO, SERIA LEGAL. MAS MENINA, NEM PENSAR. JÁ TENHO UMA CACHORRA GRANDONA QUE É COMO UMA IRMÃ", DIZ IVAN BURAGAS OMETTO, 9.

UM É POUCO, DOIS É DEMAIS? CRIANÇAS CONTAM COMO É SER FILHO ÚNICO, DE MÔNICA CARDOSO. **FOLHA DE S.PAULO**, 11 MAIO 2013. DISPONÍVEL EM: <www1.folha.uol.com.br/folhinha/2013/05/1276470-um-e-pouco-dois-e-demais-criancas-contam-como-e-nao-dividir-a-mae-com-ninguem.shtml>. ACESSO EM: 22 FEV. 2019.

- VOCÊ É FILHO ÚNICO? SE SIM, COMO SE SENTE EM RELAÇÃO A ISSO?
- SE VOCÊ TEM IRMÃOS, PENSE EM ALGUM AMIGO QUE SEJA FILHO ÚNICO. COMO IMAGINA QUE ELE SE SENTE?

6 OS PARENTES

ALÉM DE PAIS E FILHOS, TAMBÉM FAZEM PARTE DE UMA FAMÍLIA OUTROS PARENTES, COMO AVÓS, BISAVÓS, TIOS E PRIMOS.

ELES PODEM MORAR NA MESMA CASA OU EM OUTRAS CASAS.

HOJE É ANIVERSÁRIO DE LARA. ELA CONVIDOU ALGUNS AMIGOS E PARENTES PARA A SUA FESTA.

Ilustra Cartoon/Arquivo da editora

- O QUE RODRIGO E FABIANA SÃO DE LARA? MARQUE COM UM **X**.

☐ TIOS ☐ PRIMOS

SAIBA MAIS

SABIA QUE SEU PAI TAMBÉM É FILHO? E QUE SUA AVÓ TAMBÉM É FILHA?

PARECE CONFUSO, NÃO É? MAS O SEU PAI É FILHO DOS SEUS AVÓS. E A SUA AVÓ É FILHA DOS SEUS BISAVÓS.

OS MEMBROS DA FAMÍLIA ESTÃO LIGADOS UNS AOS OUTROS POR VÍNCULOS FAMILIARES. É O CHAMADO **PARENTESCO**.

ATIVIDADES

1 LEIA O TEXTO ABAIXO COM O PROFESSOR.

Vanessa Prezoto/Arquivo da editora

OS GUARDADOS DA VOVÓ

MEUS AVÓS VÃO FAZER BODAS DE DIAMANTE. ISSO QUER DIZER QUE ELES ESTÃO CASADOS HÁ 60 ANOS! HAVERÁ UMA GRANDE FESTA E EU TAMBÉM VOU PARTICIPAR, JUNTO COM MEUS PAIS, IRMÃOS, TIOS, PRIMOS, PARENTES E AMIGOS.

HOJE, VOVÔ MILTON E VOVÓ IVONE TÊM 16 NETOS E TRÊS BISNETOS. E É DIFÍCIL CONSEGUIR REUNIR TODO MUNDO NUMA FESTA SÓ!

GOSTO DE PASSAR AS FÉRIAS COM ELES EM OURO BRANCO, PERTO DE OURO PRETO, EM MINAS GERAIS. UMA REGIÃO RICA EM HISTÓRIA E PEDRA-SABÃO.

OS GUARDADOS DA VOVÓ, DE NYE RIBEIRO. VALINHOS: RODA&CIA, 2009.

A) QUEM SÃO AS PESSOAS DA FAMÍLIA QUE PARTICIPARÃO DA FESTA?

....

....

B) QUEM ESTÁ CONTANDO ESSE FATO?

....

2 CADA FAMÍLIA TEM SEUS COSTUMES E SUA HISTÓRIA. GERALMENTE, OS PARENTES MAIS VELHOS CONTAM PARA AS CRIANÇAS A HISTÓRIA DA FAMÍLIA.

A) QUEM É A PESSOA MAIS VELHA DA SUA FAMÍLIA?

B) ESSA PESSOA JÁ CONTOU PARA VOCÊ ALGUM ACONTECIMENTO DE QUANDO ELA ERA CRIANÇA? SE SIM, COMPARTILHE-O COM OS COLEGAS.

3 FAÇA A ATIVIDADE *MONTANDO FAMÍLIAS* DA PÁGINA 7 DO **CADERNO DE CRIATIVIDADE E ALEGRIA**.

4 LEIA COM O PROFESSOR O TEXTO A SEGUIR SOBRE A VIDA DE KABÁ DAREBU, UM MENINO INDÍGENA MUNDURUKU. OS MUNDURUKU SÃO UM POVO INDÍGENA QUE VIVE NOS ESTADOS DO PARÁ E DO AMAZONAS.

KABÁ DAREBU

MEU NOME É KABÁ DAREBU.

TENHO 7 ANOS E SOU DO POVO MUNDURUKU.

MEU POVO VIVE NA FLORESTA AMAZÔNICA E GOSTA MUITO DA NATUREZA.

MEU AVÔ ME DISSE QUE ELA É A NOSSA GRANDE MÃE.

RECEBEMOS OS MESMOS NOMES DE NOSSOS ANTEPASSADOS, E MEU AVÔ ESCOLHEU ESSE PARA MIM, PARA HOMENAGEAR UM SÁBIO ANCESTRAL QUE NÃO SUPORTAVA A VIOLÊNCIA.

[...]

MAMÃE ESTÁ SEMPRE COMIGO: BRINCANDO, TRABALHANDO NA ROÇA, TOMANDO BANHO...

E QUANDO PAPAI CHEGA DA CAÇA OU DA PESCA, EU CORRO LOGO PARA O COLO DELE... [...]

KABÁ DAREBU, DE DANIEL MUNDURUKU. SÃO PAULO: BRINQUE-BOOK, 2002. P. 4, 7 E 8.

Vanessa Prezoto/Arquivo da editora

A) A ROTINA DA FAMÍLIA DE KABÁ DAREBU É MUITO DIFERENTE DA ROTINA DA SUA FAMÍLIA? MARQUE COM UM **X**.

☐ SIM ☐ NÃO

O QUE É DIFERENTE? CONVERSE COM OS COLEGAS E O PROFESSOR.

B) VOCÊ JÁ APRENDEU ALGO COM AS PESSOAS MAIS VELHAS DA SUA FAMÍLIA? O QUÊ?

....

....

....

C) VOCÊ ACOMPANHA SEUS FAMILIARES EM ALGUMA ATIVIDADE ROTINEIRA? QUAL? FAÇA UM DESENHO PARA REPRESENTAR.

TEATRO DE BONECOS: DEDOCHES

NO TEATRO DE BONECOS, QUEM CONTA E INTERPRETA A HISTÓRIA SÃO OS BONECOS, CONTROLADOS PELAS MÃOS DOS ARTISTAS.

DEDOCHES SÃO BONECOS QUE SE ENCAIXAM NOS DEDOS E PODEM SER FEITOS COM MATERIAIS COMO TECIDO E CARTOLINA.

QUE TAL FAZER O SEU TEATRO DE BONECOS?

JUNTE-SE A UM COLEGA. IMAGINEM QUE VOCÊS VÃO CONTAR UMA HISTÓRIA DE FAMÍLIA. PODE SER UMA HISTÓRIA DIVERTIDA, MISTERIOSA OU FANTÁSTICA. USEM A IMAGINAÇÃO.

DEPOIS, DEFINAM OS PERSONAGENS DA HISTÓRIA E CONFECCIONEM UM DEDOCHE PARA CADA UM DELES.

MATERIAL NECESSÁRIO

- CARTOLINA BRANCA
- LÁPIS PRETO
- BORRACHA
- LÁPIS DE COR
- CANETINHAS COLORIDAS
- TESOURA COM PONTAS ARREDONDADAS
- COLA BASTÃO

COMO FAZER

1 PEÇA AO PROFESSOR QUE DESENHE NA CARTOLINA RETÂNGULOS COM AS MEDIDAS INDICADAS AO LADO. A BASE DEVE SER LIMITADA COM LINHAS TRACEJADAS. ESCREVA AS LETRAS **A** E **B**, COMO MOSTRA A FIGURA. DEPOIS, RECORTE-OS.

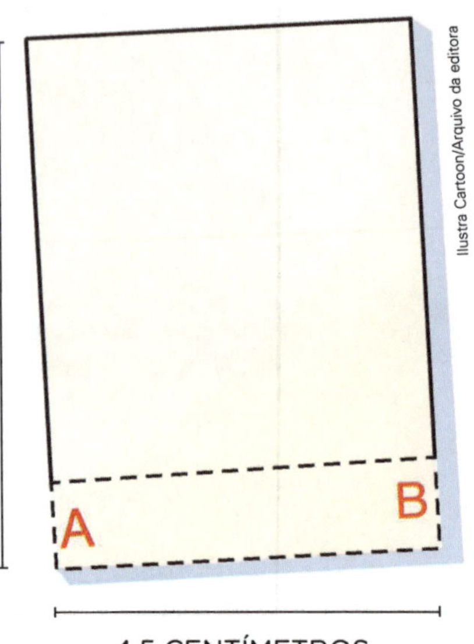

Ilustra Cartoon/Arquivo da editora

2 EM CADA RETÂNGULO, ACIMA DA LINHA TRACEJADA, DESENHE UM PERSONAGEM DA SUA HISTÓRIA. UTILIZE OS LÁPIS DE COR E AS CANETINHAS PARA PINTAR OS DESENHOS. VOCÊ TAMBÉM PODE USAR OUTROS MATERIAIS PARA FAZER A ROUPA, OS OLHOS E O CABELO DOS PERSONAGENS.

3 FAÇA UMA LINHA TRACEJADA AO REDOR DE CADA PERSONAGEM. LIGUE ESSA LINHA AO TRACEJADO DA BASE DO RETÂNGULO – ESSA É A LINHA DE RECORTE DO DEDOCHE.

4 SE PREFERIR, IDENTIFIQUE OS PERSONAGENS ESCREVENDO SEUS NOMES OU APELIDOS NA BASE DOS DEDOCHES.

5 RECORTE A LINHA TRACEJADA COM A TESOURA. **ATENÇÃO:** O DESENHO DO PERSONAGEM PRECISA FICAR PRESO À BASE DO RETÂNGULO.

6 COLOQUE UM POUCO DE COLA EM CIMA DA LETRA **A** E, EM SEGUIDA, UNA AS PONTAS DA BASE, COLANDO A LETRA **B** EM CIMA DA LETRA **A**. ANTES DE PASSAR A COLA, VERIFIQUE SE CABE EM SEU DEDO.

AGORA SEUS DEDOCHES ESTÃO PRONTOS. DIVIRTAM-SE!

Ilustrações: Ilustra Cartoon/Arquivo da editora

UNIDADE 3

UM LUGAR PARA MORAR

Bruna Assis Brasil/Arquivo da editora

ENTRE NESTA RODA

- O QUE AS PESSOAS DA IMAGEM ESTÃO FAZENDO?
- COM QUAIS PESSOAS VOCÊ CONVIVE EM SUA CASA?
- QUE ATIVIDADES VOCÊ E SEUS FAMILIARES COSTUMAM FAZER JUNTOS?

NESTA UNIDADE VAMOS ESTUDAR...

- A MORADIA COMO ESPAÇO DE CONVIVÊNCIA
- A MORADIA COMO ESPAÇO DE MEMÓRIA
- A DIVISÃO DE RESPONSABILIDADES NOS CUIDADOS COM A MORADIA
- DIREITOS DOS IDOSOS E CONVIVÊNCIA

NOSSA CASA

NOSSA CASA É O LUGAR ONDE REPOUSAMOS, FAZEMOS AS REFEIÇÕES E CONVIVEMOS COM A FAMÍLIA. É TAMBÉM O LUGAR ONDE COMPARTILHAMOS MOMENTOS DA NOSSA VIDA.

LEIA O POEMA ABAIXO, SOBRE A CASA DA ESCRITORA ADÉLIA PRADO.

IMPRESSIONISTA

UMA OCASIÃO,
MEU PAI PINTOU A CASA TODA
DE ALARANJADO BRILHANTE.
POR MUITO TEMPO MORAMOS NUMA CASA,
COMO ELE MESMO DIZIA,
CONSTANTEMENTE AMANHECENDO.

BAGAGEM, DE ADÉLIA PRADO. SÃO PAULO: SICILIANO, 1993. P. 36.

Vanessa Prezoto/Arquivo da editora

SAIBA MAIS

VOCÊ JÁ OUVIU FALAR EM PINTORES IMPRESSIONISTAS? ERAM ARTISTAS QUE SE INSPIRAVAM NA NATUREZA PARA PINTAR SEUS QUADROS. REGISTRAVAM EM SUAS OBRAS, ESPECIALMENTE, OS EFEITOS DA LUZ SOLAR NAS PAISAGENS.

O ARTISTA IMPRESSIONISTA MAIS CONHECIDO FOI O FRANCÊS CLAUDE MONET, QUE NASCEU EM 1840 E FALECEU EM 1926.

1 NO ESPAÇO ABAIXO, FAÇA UM DESENHO DA SUA CASA.

2 AGORA, RESPONDA.

A) HÁ QUANTO TEMPO VOCÊ MORA NESSA CASA?

B) VOCÊ JÁ MOROU EM OUTRA(S) CASA(S)? COMO ELA(S) ERA(M)?

C) VOCÊ TEM ALGUMA LEMBRANÇA ESPECIAL DESSA OU DE OUTRA CASA ONDE TENHA MORADO? CONTE PARA OS COLEGAS E O PROFESSOR.

8 MORADIA E CONVIVÊNCIA

EM CASA, AS PESSOAS CONVIVEM COM A FAMÍLIA E REALIZAM ATIVIDADES EM CONJUNTO TODOS OS DIAS.

Eric Audras/PhotoAlto/Getty Images

A CASA PERTENCE ÀS PESSOAS DA FAMÍLIA QUE MORAM NELA. PORTANTO, A RESPONSABILIDADE DE CUIDAR DA CASA É DE TODAS ELAS.

- A CENA ABAIXO RETRATA UM DIA NA FAMÍLIA DE JOANA.

Ilustra Cartoon/Arquivo da editora

NA CASA DE JOANA, TODOS COLABORAM NAS TAREFAS. E NA SUA CASA, COMO AS TAREFAS SÃO DIVIDIDAS? CONTE AOS COLEGAS E AO PROFESSOR.

- LEIA O TEXTO ABAIXO COM O PROFESSOR.

TUDO O QUE EXISTE NO MUNDO TEM CASA:
ASSIM, A ÁRVORE É O **ABRIGO** DOS PÁSSAROS,
A SELVA É ONDE MORAM OS ANIMAIS SELVAGENS,

O DESERTO É O LUGAR DOS CAMELOS,
OS RIOS, LAGOS E MARES É ONDE MORAM OS PEIXES E SERES AQUÁTICOS
E O CÉU É A CASA DO SOL E DAS ESTRELAS.

MEU CORPO É TAMBÉM MINHA CASA,
E NO MEU CORAÇÃO MORAM MEUS AMIGOS.

E MINHA CASA DE JANELAS E PAREDES,
ESCADAS E CORREDORES,
PORTAS E ARMÁRIOS,
E SALAS E QUARTOS E JARDINS E **SÓTÃOS**
GUARDA A HISTÓRIA DA MINHA VIDA, DA MINHA FAMÍLIA,

É MEU PORTO SEGURO,
PROTEGE O MEU SONO,
EMBALA OS MEUS SONHOS
E ME PERMITE DORMIR EM PAZ.

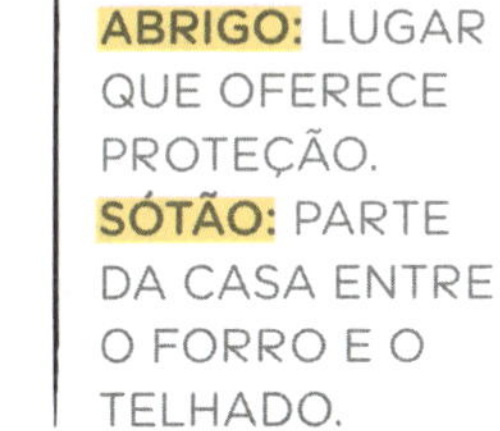

Vanessa Prezoto/Arquivo da editora

ABRIGO: LUGAR QUE OFERECE PROTEÇÃO.
SÓTÃO: PARTE DA CASA ENTRE O FORRO E O TELHADO.

O LIVRO DAS CASAS, DE LIANA LEÃO. SÃO PAULO: CORTEZ, 2009.

- AGORA, CONVERSEM SOBRE AS QUESTÕES A SEGUIR.

A) O QUE SIGNIFICA TER A CASA COMO PORTO SEGURO?

B) NA SUA OPINIÃO, O QUE UMA CASA PRECISA TER?

O TEMA É...

OS DIREITOS DOS IDOSOS

- QUEM SÃO AS PESSOAS IDOSAS DA SUA FAMÍLIA? VOCÊ CONVIVE COM ELAS?
- O QUE ESSAS PESSOAS MAIS VELHAS ENSINAM A VOCÊ?
- QUAIS DIREITOS DOS IDOSOS VOCÊ CONHECE?

Fernando Favoretto/Criar Imagens

TODO IDOSO TEM DIREITO AO RESPEITO E À PARTICIPAÇÃO NA VIDA FAMILIAR E COMUNITÁRIA. A MAIORIA DAS PESSOAS IDOSAS É MUITO ATIVA E REALIZA TAREFAS DO COTIDIANO, CONTRIBUINDO NA ORGANIZAÇÃO DA MORADIA.

Fernando Favoretto/Criar Imagens

OS IDOSOS TÊM DIREITO À EDUCAÇÃO E À CULTURA. ESTUDAR E APRENDER UMA NOVA ATIVIDADE SÃO FORMAS DE MANTER A MENTE ATIVA E DESPERTA.

PARA A MAIORIA DOS POVOS DO MUNDO, AS PESSOAS IDOSAS SÃO CONSIDERADAS SÁBIAS, PORQUE JÁ PASSARAM POR MUITAS SITUAÇÕES E TÊM CONHECIMENTO E EXPERIÊNCIA PARA TRANSMITIR AOS JOVENS.

NO BRASIL, É CONSIDERADA IDOSA A PESSOA QUE TEM MAIS DE 60 ANOS DE IDADE.

Fabio Colombini/Acervo do fotógrafo

ENTRE OS POVOS INDÍGENAS, OS IDOSOS SÃO MUITO RESPEITADOS. SÃO OS MAIS VELHOS QUE ENSINAM AOS MAIS NOVOS AS HISTÓRIAS E OS COSTUMES DE SEU POVO. ESSA TRANSMISSÃO DE CONHECIMENTOS E SABERES MANTÉM A COMUNIDADE UNIDA E DEMONSTRA O RESPEITO A QUE TODO IDOSO TEM DIREITO.

Halfpoint/Shutterstock

TODO IDOSO TEM DIREITO A UMA MORADIA DIGNA. ELA DEVE OFERECER CONFORTO E BEM-ESTAR À PESSOA IDOSA, ALÉM DE ESTAR ADAPTADA ÀS SUAS CONDIÇÕES FÍSICAS.

- NO LUGAR ONDE VOCÊ VIVE, HÁ LOCAIS QUE OFERECEM ATIVIDADES PARA OS IDOSOS? QUE LOCAIS SÃO ESSES E QUE ATIVIDADES ESTÃO DISPONÍVEIS?
- VOCÊ ACHA IMPORTANTE CUIDAR DOS IDOSOS? POR QUÊ?

VOCÊ EM AÇÃO

CONSTRUINDO UMA CABANA DE PAPEL

VOCÊ JÁ APRENDEU QUE A MORADIA É O NOSSO ABRIGO E UM LUGAR DE DESCANSO E CONVIVÊNCIA.

MAS AS MORADIAS PODEM SER MUITO DIFERENTES. EXISTEM PESSOAS QUE MORAM EM CABANAS E QUE MUDAM CONSTANTEMENTE DE LUGAR.

NESTA ATIVIDADE, VAMOS CONSTRUIR UMA CABANA COM FOLHAS DE JORNAL. JUNTE-SE COM DOIS OU TRÊS COLEGAS PARA COMEÇAR.

MATERIAL NECESSÁRIO

- PALITOS DE FÓSFORO
- FOLHAS DE JORNAL USADO
- FITA ADESIVA
- COLA BRANCA
- PINCEL LARGO

COMO FAZER

1 PARA CONSTRUIR AS VIGAS, COLOQUE UM PALITO DE FÓSFORO NO CANTO DE UMA DAS FOLHAS DE JORNAL. ENROLE O PALITO NO PAPEL COMO NA FIGURA AO LADO. **ATENÇÃO:** É PRECISO DEIXAR O PAPEL BEM GRUDADO NO PALITO.

Ilustrações: Ilustra Cartoon/Arquivo da editora

2 PARA CONSEGUIR VIGAS MAIS LONGAS, UNA DOIS ROLOS DE PAPEL COM A FITA ADESIVA. PARA REFORÇAR AS VIGAS, APLIQUE COLA BRANCA EM TODA A EXTENSÃO DELAS E ESPERE SECAR ANTES DE PARTIR PARA A PRÓXIMA ETAPA.

Ilustrações: Ilustra Cartoon/Arquivo da editora

3 COM ESSAS VIGAS, MONTE A ESTRUTURA DA CABANA. PARA FORMAR AS PAREDES, COLE FOLHAS DE JORNAL NO ESPAÇO ENTRE AS VIGAS.

ATIVIDADE ADAPTADA DE: **MÉGA EXPÉRIENCES**. PARIS: NATHAN, 1995. P. 172-173.

- O QUE VOCÊ ACHOU DA EXPERIÊNCIA DE CONSTRUIR UMA CABANA?
- TODAS AS PESSOAS DO GRUPO COLABORARAM NO TRABALHO?

VOCÊ PODE UTILIZAR TINTA GUACHE PARA PINTAR E DECORAR AS PAREDES.

UNIDADE
4
A ESCOLA
Bruna Assis Brasil/Arquivo da editora

ENTRE NESTA RODA

- A ESCOLA ONDE VOCÊ ESTUDA SE PARECE COM A DA IMAGEM? EM QUÊ?
- QUEM SÃO AS PESSOAS QUE FAZEM PARTE DA ESCOLA?
- NA SUA OPINIÃO, É IMPORTANTE FREQUENTAR A ESCOLA? POR QUÊ?

NESTA UNIDADE VAMOS ESTUDAR...

- O AMBIENTE ESCOLAR
- OS PROFISSIONAIS DA ESCOLA
- REGRAS PARA A BOA CONVIVÊNCIA NA ESCOLA

9 LUGAR DE APRENDER

TODA CRIANÇA TEM O DIREITO DE FREQUENTAR A ESCOLA.

NA ESCOLA, OS ALUNOS APRENDEM, BRINCAM, PRATICAM ESPORTES E CONVIVEM COM OS COLEGAS, COM OS PROFESSORES E COM OUTROS PROFISSIONAIS.

MAS SERÁ QUE TODAS AS ESCOLAS SÃO IGUAIS?

Allauddin Khan/AP Photo/Glow Images

SALA DE AULA EM KABUL, NO PAQUISTÃO, EM 2015.

Fishman/ullstein/Getty Images

SALA DE AULA EM TURKU, NA FINLÂNDIA, EM 2013.

ATIVIDADES

1 VOCÊ JÁ VIU QUE AS ESCOLAS PODEM SER DIFERENTES EM CADA LUGAR. MAS SERÁ QUE ERAM IGUAIS ANTIGAMENTE?

OBSERVE A FOTOGRAFIA DE UMA ESCOLA DO SÉCULO PASSADO E CONVERSE COM OS COLEGAS E O PROFESSOR.

INSTITUTO MUNIZ BARRETO, NO RIO DE JANEIRO, NO ESTADO DO RIO DE JANEIRO. FOTO DE CERCA DE 1904.

2 TODAS AS ESCOLAS TÊM NOME. CONVERSE COM O PROFESSOR E OS COLEGAS DE CLASSE E COMPLETE AS FRASES A SEGUIR.

A) O NOME DA MINHA ESCOLA É ....

....

B) MINHA ESCOLA RECEBEU ESSE NOME PORQUE ....

....

3 MARQUE COM UM **X** AS ATIVIDADES QUE VOCÊ REALIZA NA ESCOLA.

10 CONVIVÊNCIA NA ESCOLA

ALÉM DE APRENDERMOS A LER, ESCREVER, FAZER CONTAS, NA ESCOLA APRENDEMOS A CONVIVER COM PESSOAS QUE NÃO FAZEM PARTE DA NOSSA FAMÍLIA.

É NA ESCOLA QUE VOCÊ PASSA BOA PARTE DO DIA E CONVIVE COM SEUS COLEGAS DE CLASSE E OS PROFISSIONAIS QUE NELA TRABALHAM.

OBSERVE A CENA ABAIXO. ELA RETRATA UM DIA NA ESCOLA DE SAULO.

Ilustra Cartoon/Arquivo da editora

- NA SUA OPINIÃO, ESSA CENA MOSTRA ATITUDES QUE COLABORAM PARA UMA BOA CONVIVÊNCIA? POR QUÊ?

1 MARQUE COM UM **X** OS PROFISSIONAIS ABAIXO QUE EXISTEM NA SUA ESCOLA E ESCREVA O NOME DAS PROFISSÕES DE CADA UM DELES.

Ilustrações: Ilustra Cartoon/Arquivo da editora

2 CONVERSE COM O PROFESSOR E OS COLEGAS SOBRE COMO SERIA A ESCOLA SEM O TRABALHO DESSES PROFISSIONAIS.

3 A BIBLIOTECA DA ESCOLA É UM ESPAÇO FREQUENTADO PELA COMUNIDADE ESCOLAR. OBSERVE A CENA A SEGUIR.

CONVERSE COM OS COLEGAS E O PROFESSOR:

A) HÁ REGRAS PARA FREQUENTAR ESSA BIBLIOTECA?

B) VOCÊ ACHA QUE ELAS SÃO IMPORTANTES? POR QUÊ?

C) QUE OUTRAS REGRAS VOCÊ CRIARIA PARA UTILIZAR ESSE ESPAÇO? EXPLIQUE.

Ilustra Cartoon/Arquivo da editora

CUIDAR DA SAÚDE NA ESCOLA

Roman Samokhin/Shutterstock

5 second Studio/Shutterstock

Crepesoles/Shutterstock

Ilustra Cartoon/Arquivo da editora

Petlia Roman/Shutterstock

Sergiy Kuzmin/Shutterstock

- NA CANTINA DA SUA ESCOLA SÃO VENDIDOS OS ALIMENTOS MOSTRADOS NA IMAGEM ACIMA?
- NA CANTINA HÁ ALGUM TIPO DE ALIMENTO PROIBIDO DE SER SERVIDO? QUAL?
- NA SUA OPINIÃO, DOCES E ALIMENTOS GORDUROSOS DEVERIAM SER PROIBIDOS NA CANTINA ESCOLAR? COMPARTILHE SUA OPINIÃO COM OS COLEGAS.

- AS CRIANÇAS NA IMAGEM AO LADO ESTÃO USANDO O MÓVEL ESCOLAR DE MANEIRA ADEQUADA?
- VOCÊ SENTE ALGUM DESCONFORTO AO UTILIZAR OS MÓVEIS DA ESCOLA? CONHECE ALGUMA FORMA DE EVITAR O DESCONFORTO?

Suzanne Tucker/Shutterstock/Glow Images

- VOCÊ JÁ PRESENCIOU ALGUMA SITUAÇÃO QUE AFETOU O BEM-ESTAR EMOCIONAL DOS ALUNOS? COMPARTILHE SUAS EXPERIÊNCIAS COM OS COLEGAS.
- VOCÊ ACREDITA QUE O SEU COMPORTAMENTO NA ESCOLA OU O DE SEUS COLEGAS CAUSAM ALGUM RISCO À SAÚDE DE VOCÊS?
- QUE MEDIDAS VOCÊ PROPÕE PARA MELHORAR A SAÚDE DOS ALUNOS NO AMBIENTE ESCOLAR?

Sérgio Pedreira/Pulsar Imagens

SALA DE AULA DE ESCOLA EM SANTALUZ, NO ESTADO DA BAHIA, 2018.

CONVIVER BEM COM OS COLEGAS TAMBÉM É UMA QUESTÃO DE SAÚDE. NOSSA MENTE PODE ADOECER QUANDO AS RELAÇÕES ENTRE AS PESSOAS NÃO SÃO HARMÔNICAS. AGRESSÕES, *BULLYING* E GRITOS CONSTANTES SÃO EXEMPLOS DE ATITUDES QUE PREJUDICAM O CONVÍVIO E A SAÚDE.

ALONGANDO NA SALA DE AULA

CUIDAR DA SAÚDE NÃO É APENAS ALIMENTAR-SE BEM. É TAMBÉM PRATICAR ATIVIDADES FÍSICAS, COMO CORRER, NADAR, PULAR, ETC.

MAS ANTES E DEPOIS DAS ATIVIDADES FÍSICAS É IMPORTANTE ALONGAR O CORPO PARA PREVENIR DORES E MACHUCADOS.

NO DIA A DIA TAMBÉM DEVEMOS ALONGAR O CORPO: ALÉM DE EVITAR DORES, O ALONGAMENTO RELAXA E AJUDA NA CONCENTRAÇÃO.

COMO FAZER

1. COMECE PELO PESCOÇO. SENTADO NA CADEIRA, SEGURE O ASSENTO COM UMA DAS MÃOS; COM A OUTRA, MOVA LENTAMENTE A CABEÇA NA DIREÇÃO DO OMBRO. REPITA O MOVIMENTO DO OUTRO LADO.

2. PARA ALONGAR A PERNA, APOIE UMA DAS PERNAS NA CADEIRA COMO NA ILUSTRAÇÃO AO LADO. LEVANTE OS BRAÇOS MANTENDO A COLUNA BEM RETA. DEPOIS, REPITA O MOVIMENTO COM A OUTRA PERNA.

3. É A VEZ DAS COSTAS. VOCÊ E UM COLEGA DEVERÃO SENTAR-SE DE COSTAS UM PARA O OUTRO COM AS PERNAS ESTICADAS. UNAM AS MÃOS NO ALTO E, LENTAMENTE, UM DE VOCÊS DEVERÁ TENTAR ENCOSTAR A CABEÇA NO JOELHO, ENQUANTO O OUTRO VAI SE DEITANDO SOBRE AS COSTAS DO COLEGA. DEPOIS, TROQUEM DE POSIÇÃO.

4. APÓS O ALONGAMENTO, CONVERSE COM O PROFESSOR E OS COLEGAS SOBRE COMO VOCÊ SE SENTIU.

Ilustrações: Ilustra Cartoon/Arquivo da editora

GEOGRAFIA

SUMÁRIO

Luciola Zvarick/Pulsar Imagens

Toninho Tavares/Agência Brasília

Rubens Chaves/Pulsar Imagens

Fernando Favoretto/Criar Imagem

UNIDADE 1 VOCÊ, OS LUGARES E AS PESSOAS

ENTRE NESTA RODA

- O QUE AS PESSOAS REPRESENTADAS NA ILUSTRAÇÃO ESTÃO FAZENDO? ONDE ELAS ESTÃO?
- VOCÊ E SEUS FAMILIARES FREQUENTAM PRAÇAS E PARQUES? O QUE VOCÊS COSTUMAM FAZER NESSES LUGARES?
- QUAIS SEMELHANÇAS E DIFERENÇAS VOCÊ OBSERVA ENTRE AS CRIANÇAS DA ILUSTRAÇÃO?

NESTA UNIDADE VAMOS ESTUDAR...

- DIFERENTES TIPOS DE RUA
- BAIRROS DO CAMPO
- BAIRROS DA CIDADE
- MEIOS DE TRANSPORTE
- EDUCAÇÃO PARA O TRÂNSITO
- AS DIFERENTES CARACTERÍSTICAS DAS PESSOAS E DOS LUGARES
- A LOCALIZAÇÃO E AS DIFERENTES PAISAGENS DOS LUGARES

Bruna Assis Brasil/Arquivo da editora

1 OBSERVANDO À MINHA VOLTA

BIA E ALEXANDRE SÃO AMIGOS. ELES ESTÃO CONVERSANDO SOBRE COMO É A RUA ONDE SE LOCALIZA A MORADIA DELES. OBSERVE A ILUSTRAÇÃO.

Ilustra Cartoon/Arquivo da editora

EXISTEM DIFERENTES TIPOS DE RUA: CALMA OU MOVIMENTADA, GRANDE OU PEQUENA, LARGA OU ESTREITA, ASFALTADA, DE PEDRAS, DE TERRA, ENTRE OUTROS. OBSERVE AS FOTOS.

Dado Photos/Shutterstock

RUA ASFALTADA EM RIO BRANCO, NO ESTADO DO ACRE, 2015.

Fabio Colombini/Acervo do fotógrafo

RUA DE PEDRA EM SABARÁ, NO ESTADO DE MINAS GERAIS, 2018.

1 OBSERVE A REPRESENTAÇÃO DO LUGAR ONDE BIA E ALEXANDRE VIVEM. ESCREVA O NOME DE QUEM VIVE EM CADA LUGAR.

....

Ilustrações: Ilustra Cartoon/Arquivo da editora

....

2 CONTE AOS COLEGAS E AO PROFESSOR:

A) COMO É A RUA DA SUA MORADIA? ELA SE PARECE COM ALGUMA DAS RUAS REPRESENTADAS NESTAS PÁGINAS?

B) QUAL É O NOME DA RUA EM QUE VOCÊ MORA?

3 FAÇA AS ATIVIDADES DAS PÁGINAS 2 E 3 DO **CADERNO DE MAPAS**.

OS BAIRROS

PARA FACILITAR A LOCALIZAÇÃO DOS ENDEREÇOS, OS MUNICÍPIOS SÃO DIVIDIDOS EM BAIRROS.

ALGUNS BAIRROS SE LOCALIZAM NO CAMPO. OUTROS SE LOCALIZAM NA CIDADE.

OS BAIRROS SÃO DIFERENTES UNS DOS OUTROS. VEJA AS FOTOS A SEGUIR.

Fabricio Rezende/Shutterstock

UM BAIRRO DE CAMPINA GRANDE, NO ESTADO DA PARAÍBA, 2018. CIDADE.

Zig Koch/Pulsar Imagens

UM BAIRRO DE CAMPINA GRANDE, NO ESTADO DA PARAÍBA, 2014. CAMPO.

Luciana Whitaker/Pulsar Imagens

MORADIAS DA COMUNIDADE RIBEIRINHA DE ANÃ EM SANTARÉM, NO ESTADO DO PARÁ, 2017. CAMPO.

Luciana Whitaker/Pulsar Imagens

UM BAIRRO DO CENTRO DE SANTARÉM, NO ESTADO DO PARÁ, 2017.

- QUAL DOS BAIRROS DAS FOTOS MAIS SE PARECE COM O BAIRRO ONDE VOCÊ MORA? MARQUE COM UM **X**.

NO BAIRRO ONDE VOCÊ VIVE, ESTÁ UMA DAS COMUNIDADES DE QUE VOCÊ, SUA FAMÍLIA E OUTRAS PESSOAS FAZEM PARTE.

EM UM BAIRRO DA CIDADE, PODEMOS ENCONTRAR: CASAS, PRÉDIOS, LOJAS, SUPERMERCADOS, PADARIAS, AÇOUGUES, FARMÁCIAS, RESTAURANTES, LIVRARIAS, HOSPITAIS, ESCOLAS, BANCOS, PRAÇAS, INDÚSTRIAS, BIBLIOTECAS, ENTRE OUTROS ESTABELECIMENTOS. OBSERVE A FOTO.

Munique Bassoli/Pulsar Imagens

MERCADO MUNICIPAL EM CAMPO GRANDE, NO ESTADO DO MATO GROSSO DO SUL, 2017.

GERALMENTE, EM UM BAIRRO DO CAMPO, ENCONTRAMOS CASAS, SÍTIOS, **CHÁCARAS**, **FAZENDAS**, **GRANJAS**, ESCOLAS E PEQUENOS COMÉRCIOS.

Kleyton Kamogawa/Shutterstock

PLANTAÇÃO DE UVAS EM BENTO GONÇALVES, NO ESTADO DO RIO GRANDE DO SUL, 2018.

CHÁCARAS: PEQUENAS PROPRIEDADES RURAIS UTILIZADAS PARA LAZER, CRIAÇÃO DE ANIMAIS DE PEQUENO PORTE E PLANTIO DE FRUTAS, LEGUMES E VERDURAS.

FAZENDAS: GRANDES PROPRIEDADES RURAIS DESTINADAS A PLANTAÇÕES EXTENSAS, COMO CAFÉ, CANA-DE-AÇÚCAR, ARROZ, SOJA, ETC., E À CRIAÇÃO DE ANIMAIS, COMO BOIS, VACAS, PORCOS E CAVALOS.

GRANJAS: PROPRIEDADES RURAIS USADAS PARA A CRIAÇÃO DE AVES, COMO GALINHAS.

1 COM O PROFESSOR, LEIA OS TEXTOS E OBSERVE AS ILUSTRAÇÕES.

CARLA TEM 9 ANOS E VIVE EM UM SÍTIO COM SUA FAMÍLIA. ELA VAI AO MERCADO DE BICICLETA. NO CAMINHO, CARLA PASSA EM FRENTE AO SÍTIO DONA LÍDIA, AO LADO DO LAGO E PERTO DA PLANTAÇÃO DE VERDURAS.

Ilustra Cartoon/Arquivo da editora

BRUNO TAMBÉM TEM 9 ANOS E VIVE COM A FAMÍLIA EM UMA CIDADE GRANDE. ELE VAI AO MERCADO COM O AVÔ DE ÔNIBUS. NO CAMINHO, O ÔNIBUS PASSA EM FRENTE À PAPELARIA, AO LADO DA FARMÁCIA E ATRÁS DO BANCO.

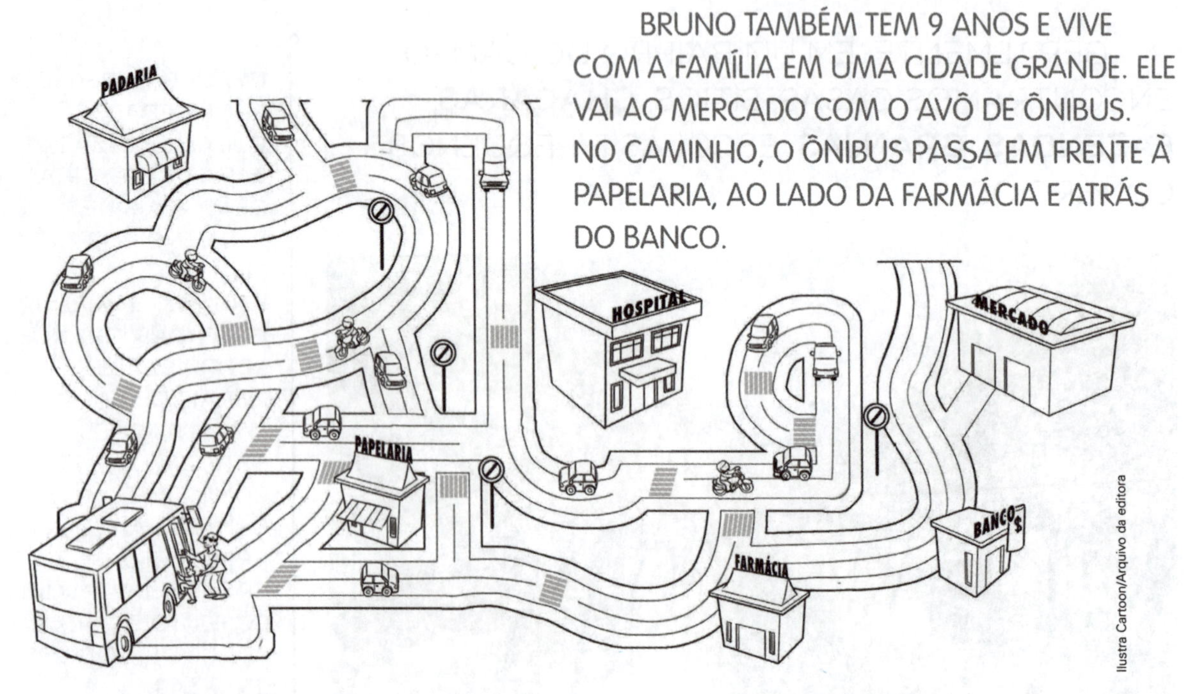

Ilustra Cartoon/Arquivo da editora

A) NAS ILUSTRAÇÕES, TRACE O CAMINHO QUE CADA CRIANÇA PERCORRE PARA IR AO MERCADO. DEPOIS, PINTE AS ILUSTRAÇÕES DO JEITO QUE QUISER.

B) CIRCULE DE **AZUL** O NOME DA CRIANÇA QUE MORA NA CIDADE. E DE **VERDE** O NOME DA CRIANÇA QUE MORA NO CAMPO.

CARLA BRUNO

C) O CAMINHO DA SUA MORADIA ATÉ O MERCADO É MAIS PARECIDO COM O CAMINHO DE CARLA OU COM O DE BRUNO?

2 FAÇA AS ATIVIDADES DAS PÁGINAS 4 E 5 DO **CADERNO DE MAPAS**.

3 CONTE AO PROFESSOR E AOS COLEGAS:

A) NO BAIRRO ONDE VOCÊ MORA, OCORREM FESTAS PÚBLICAS?

B) AS FESTAS PÚBLICAS ACONTECEM EM RUAS, PRAÇAS, PARQUES, SÍTIOS OU CHÁCARAS? AS PESSOAS USAM ROUPAS ESPECIAIS NESSAS OCASIÕES?

SAIBA MAIS

DIVERSIDADE CULTURAL NO BAIRRO

VOCÊ VIU QUE NO BAIRRO CONVIVE UMA DAS COMUNIDADES DE QUE VOCÊ, SUA FAMÍLIA E OUTRAS PESSOAS FAZEM PARTE.

A COMUNIDADE É FORMADA POR DIVERSAS PESSOAS, CADA UMA COM SUAS PREFERÊNCIAS, SUAS ORIGENS, SEU MODO DE SER, DE SE VESTIR, DE FESTEJAR.

É POSSÍVEL OBSERVAR ELEMENTOS DESSA DIVERSIDADE CULTURAL EM MANIFESTAÇÕES QUE OCORREM NO BAIRRO. OBSERVE AS FOTOS AO LADO.

Ana Druzian/Fotoarena

TANABATA MATSURI (FESTIVAL DAS ESTRELAS) NO BAIRRO DA LIBERDADE, EM SÃO PAULO, NO ESTADO DE SÃO PAULO, 2018.

Alex Tauber/Pulsar Imagens

GRUPO DE CONGO DURANTE A FESTA DE SÃO BENEDITO EM VILA BELA DA SANTÍSSIMA TRINDADE, NO ESTADO DE MATO GROSSO, 2018.

EXPLORE A PÁGINA + E DIVIRTA-SE!

A CONVIVÊNCIA COM OS VIZINHOS

- NO LUGAR ONDE VOCÊ MORA, HÁ ESPAÇOS DE CONVIVÊNCIA ENTRE OS VIZINHOS? QUAIS?
- QUE ATIVIDADES AS PESSOAS REALIZAM NESSES ESPAÇOS?
- VOCÊ BRINCA COM AS CRIANÇAS DA VIZINHANÇA? ONDE? QUAIS SÃO SUAS BRINCADEIRAS FAVORITAS?
- QUE OUTRAS ATIVIDADES VOCÊ E SUA FAMÍLIA COSTUMAM FAZER EM CONJUNTO COM SEUS VIZINHOS?

OS VIZINHOS FAZEM PARTE DA COMUNIDADE DO BAIRRO ONDE MORAMOS. ELES COMPARTILHAM CONOSCO OS ESPAÇOS DA VIZINHANÇA E ALGUMAS EXPERIÊNCIAS DO DIA A DIA.

PARA MANTER UM BOM RELACIONAMENTO COM AS PESSOAS, É IMPORTANTE RESPEITAR OS ESPAÇOS QUE SÃO DE USO COMUM.

Rubens Chaves/Pulsar Imagens

VIZINHOS CONVERSAM EM FRENTE A SUAS CASAS EM SÃO PAULO, NO ESTADO DE SÃO PAULO, 2017.

Junior Rozzo/Rozzo Imagens

CRIANÇAS BRINCAM EM PARQUE INFANTIL NO HORTO FLORESTAL EM SÃO PAULO, NO ESTADO DE SÃO PAULO, 2015.

Ricardo Moraes/Reuters/Fotoarena

MORADORES DE VÁRIAS COMUNIDADES FAZEM MANIFESTAÇÃO CONTRA A VIOLÊNCIA NO RIO DE JANEIRO, NO ESTADO DO RIO DE JANEIRO, 2017.

- NO BAIRRO ONDE VOCÊ VIVE, OS MORADORES JÁ SE ORGANIZARAM PARA PEDIR ALGUMA MELHORIA? QUAL ERA O PEDIDO?
- VOCÊ E SUA FAMÍLIA GOSTARIAM DE PEDIR MUDANÇAS NO BAIRRO? QUAIS?
- VOCÊ OU SEUS FAMILIARES JÁ FIZERAM ALGO QUE INCOMODOU ALGUM VIZINHO? O QUÊ? COMO VOCÊS RESOLVERAM A SITUAÇÃO?
- O QUE PODEMOS FAZER PARA MANTER UM BOM CONVÍVIO COM OS VIZINHOS?

OS VIZINHOS TAMBÉM PODEM SE REUNIR PARA PEDIR MELHORIAS NO BAIRRO. POR EXEMPLO, QUANDO ALGUM SERVIÇO PÚBLICO NÃO FUNCIONA BEM, OS MORADORES PODEM SE ORGANIZAR PARA EXIGIR MUDANÇAS AO GOVERNO.

2 MEIOS DE TRANSPORTE

AS PESSOAS SE LOCOMOVEM DE DIFERENTES MANEIRAS: A PÉ, DE CARRO, DE ÔNIBUS, DE BICICLETA, ENTRE OUTROS MEIOS DE TRANSPORTE.

NAS RUAS DAS CIDADES, É GRANDE O TRÂNSITO DE PESSOAS E DE VEÍCULOS.

NAS CIDADES MAIORES, O TRÂNSITO COSTUMA SER MAIS INTENSO PELA MANHÃ, QUANDO A MAIORIA DAS PESSOAS ESTÁ INDO PARA O TRABALHO E PARA A ESCOLA, E NO FIM DA TARDE, QUANDO ELAS VOLTAM PARA CASA.

EM MUITAS CIDADES GRANDES, COSTUMAM OCORRER **CONGESTIONAMENTOS** NESSES HORÁRIOS.

CONGESTIONAMENTOS: SITUAÇÕES EM QUE O ACÚMULO DE PESSOAS E VEÍCULOS IMPEDE A LIVRE CIRCULAÇÃO.

Ilustra Cartoon/Arquivo da editora

- GERALMENTE, COMO VOCÊ VAI PARA A ESCOLA?

ATIVIDADES

1 CIRCULE OS MEIOS DE TRANSPORTE QUE EXISTEM NO LUGAR ONDE VOCÊ MORA.

ÔNIBUS

CAMINHÃO

MOTOCICLETA

TREM

METRÔ

CHARRETE

BICICLETA

CARRO

BARCO

Ilustrações: Ilustra Cartoon/Arquivo da editora

- NO LUGAR ONDE VOCÊ MORA HÁ ALGUM MEIO DE TRANSPORTE QUE NÃO APARECE ILUSTRADO ACIMA? QUAL?

....

....

2  IMAGINE QUE VOCÊ VAI FAZER UMA VIAGEM PARA OUTRO ESTADO. QUE MEIO DE TRANSPORTE VOCÊ UTILIZARIA? DESENHE-O EM SEU CADERNO E EXPLIQUE A SUA ESCOLHA.

3 OS ALUNOS DA CLASSE DE JOANA FORMARAM UMA FILA PARA ENTRAR NO ÔNIBUS QUE VAI LEVAR A TURMA PARA VISITAR O MUSEU DA CIDADE.

A PROFESSORA DISTRIBUIU OS CRACHÁS DE IDENTIFICAÇÃO DE CADA CRIANÇA. VEJA NA ILUSTRAÇÃO ONDE ESTÃO JOANA E A PROFESSORA.

Ilustra Cartoon/Arquivo da editora

- AGORA, RESPONDA:

A) QUANTOS ALUNOS, CONTANDO JOANA, ESTÃO NA FILA PARA ENTRAR NO ÔNIBUS?

....

B) QUANTAS CRIANÇAS ESTÃO ATRÁS DE JOANA?

....

C) QUANTAS CRIANÇAS ESTÃO NA FRENTE DE JOANA?

....

D) ESCREVA O NOME DO ALUNO QUE ESTÁ MAIS LONGE DA PROFESSORA.

....

OS SINAIS DE TRÂNSITO

É PRECISO MUITO CUIDADO AO ATRAVESSAR AS RUAS. OS **SINAIS DE TRÂNSITO** SERVEM PARA CONTROLAR O MOVIMENTO DE PESSOAS E DE VEÍCULOS NAS RUAS E OFERECER SEGURANÇA A TODOS.

É IMPORTANTE QUE MOTORISTAS E PEDESTRES RESPEITEM OS SINAIS DE TRÂNSITO PARA EVITAR ACIDENTES.

OS PRINCIPAIS SINAIS DE TRÂNSITO ENCONTRADOS EM RUAS E AVENIDAS SÃO OS **SEMÁFOROS**, A **FAIXA DE PEDESTRES** E AS **PLACAS DE SINALIZAÇÃO**.

JWysocki/Shutterstock

O SEMÁFORO PARA VEÍCULOS TEM TRÊS CORES: A LUZ **VERMELHA** INDICA: PARE! A LUZ **AMARELA** INDICA: ATENÇÃO! A LUZ **VERDE** INDICA: SIGA!

Jaboticaba Fotos/Shutterstock

O SEMÁFORO PARA PEDESTRES APRESENTA DUAS CORES E, GERALMENTE, É REPRESENTADO POR DOIS BONEQUINHOS LUMINOSOS.

Toninho Tavares/Agência Brasília

FAIXA DE PEDESTRES EM BRASÍLIA, NO DISTRITO FEDERAL, 2016. A FAIXA DE PEDESTRES É UMA DAS SINALIZAÇÕES DE TRÂNSITO MAIS IMPORTANTES: OS PEDESTRES NUNCA DEVEM ATRAVESSAR A RUA FORA DELA, E OS VEÍCULOS NUNCA DEVEM PARAR SOBRE ELA.

AS PLACAS DE SINALIZAÇÃO AJUDAM A ORGANIZAR O TRÂNSITO.

ALGUMAS PLACAS INFORMAM O QUE É PROIBIDO, O QUE É PERMITIDO E O QUE É OBRIGATÓRIO FAZER NAS RUAS E NO TRÂNSITO. GERALMENTE, ESSAS PLACAS SÃO BRANCAS, COM FAIXAS VERMELHAS E SÍMBOLOS PRETOS.

OUTRAS PLACAS INDICAM ATENÇÃO, SE HÁ ALGUM PERIGO NA RUA, AVENIDA OU ESTRADA. ESSAS PLACAS SÃO AMARELAS, COM SÍMBOLOS PRETOS.

VEJA ALGUMAS PLACAS E O QUE ELAS SIGNIFICAM.

PROIBIDO ESTACIONAR

PROIBIDO ULTRAPASSAR

ÁREA ESCOLAR

OBRAS

Reprodução/Arquivo da editora

O AGENTE DE TRÂNSITO

ALÉM DOS SINAIS DE TRÂNSITO, HÁ O **AGENTE DE TRÂNSITO**, QUE ORIENTA OS MOTORISTAS E OS PEDESTRES NAS RUAS.

O AGENTE DE TRÂNSITO MULTA OS MOTORISTAS QUE NÃO RESPEITAM AS LEIS DE TRÂNSITO.

LEMBRE-SE: AS LEIS DE TRÂNSITO SÃO IMPORTANTES PARA A SEGURANÇA DE TODOS. RESPEITAR ESSAS LEIS É UMA MANEIRA DE EVITAR ACIDENTES E HARMONIZAR O CONVÍVIO ENTRE PESSOAS E VEÍCULOS.

Renato S. Cerqueira/Futura Press

AGENTE DE TRÂNSITO EM SÃO PAULO, NO ESTADO DE SÃO PAULO, 2019.

- FAÇA AS ATIVIDADES DAS PÁGINAS 8, 9, 10 E 11 DO **CADERNO DE MAPAS**.

SAIBA MAIS +

SINAIS DE TRÂNSITO E ACESSIBILIDADE

EM 2004, FOI PUBLICADA A LEI DA ACESSIBILIDADE, QUE ESTABELECE NORMAS PARA FACILITAR A LOCOMOÇÃO DAS PESSOAS COM DEFICIÊNCIA OU MOBILIDADE REDUZIDA. ESSA LEI PROPORCIONA MAIS AUTONOMIA E SEGURANÇA A ESSAS PESSOAS, CONTRIBUINDO PARA SUA INTEGRAÇÃO À SOCIEDADE.

VEJA ALGUNS RECURSOS DE ACESSIBILIDADE:

- OS **SEMÁFOROS SONOROS** EMITEM UM SOM INDICANDO QUE O PEDESTRE PODE ATRAVESSAR A RUA COM SEGURANÇA. SÃO ESSENCIAIS PARA A INDEPENDÊNCIA DAS PESSOAS COM DEFICIÊNCIA VISUAL.

Lucas Baptista/Futura Press

PESSOA COM DEFICIÊNCIA VISUAL ATRAVESSANDO A RUA EM SANTOS, NO ESTADO DE SÃO PAULO, 2013. EM GERAL, PARA QUE O SEMÁFORO SONORO FUNCIONE É PRECISO APERTAR UM BOTÃO PARA ATIVAR O AVISO SONORO, AGUARDAR E, ENTÃO, ATRAVESSAR A RUA COM SEGURANÇA.

Daniel Cymbalista/Pulsar Imagens

- OS **PISOS TÁTEIS** SÃO FAIXAS EM ALTO-RELEVO FIXADAS NO CHÃO QUE INDICAM A DIREÇÃO DO CAMINHO A SER PERCORRIDO, OBSTÁCULOS E O LOCAL CORRETO PARA ATRAVESSAR A RUA. SÃO USADOS POR PESSOAS COM DEFICIÊNCIA VISUAL.

PESSOA COM DEFICIÊNCIA VISUAL CAMINHANDO SOBRE PISO TÁTIL EM SÃO PAULO, NO ESTADO DE SÃO PAULO, 2018.

ATIVIDADES

1 OBSERVE A CENA AO LADO E COMPLETE AS FRASES.

A) A MENINA ESTÁ ATRAVESSANDO A RUA NA ....

B) O SEMÁFORO PARA PEDESTRES ESTÁ NA COR ....

Ilustrações: Ilustra Cartoon/Arquivo da editora

2 O MOTORISTA DA CENA AO LADO NÃO RESPEITOU A PLACA DE TRÂNSITO.

- O QUE ESSA PLACA SIGNIFICA?

....

3 ASSINALE COM UM **X** AS ALTERNATIVAS QUE INDICAM ATITUDES CORRETAS NO TRÂNSITO.

A) ☐ RESPEITAR OS SINAIS DE TRÂNSITO.

B) ☐ ATRAVESSAR A RUA SEM PRESTAR ATENÇÃO.

C) ☐ DESCER DO ÔNIBUS SOMENTE QUANDO ELE ESTIVER PARADO.

D) ☐ JOGAR BOLA EM RUAS MOVIMENTADAS.

E) ☐ ANDAR DE BICICLETA NA CICLOFAIXA OU CICLOVIA.

- AGORA, CONVERSE COM O PROFESSOR E OS COLEGAS SOBRE AS ALTERNATIVAS QUE VOCÊ NÃO ASSINALOU. DEPOIS, FORME DUPLA COM UM COLEGA E REESCREVAM AS FRASES NO CADERNO PARA QUE INDIQUEM ATITUDES CORRETAS NO TRÂNSITO.

4 NO CADERNO, DESENHE AS PLACAS DE TRÂNSITO QUE VOCÊ VÊ NO CAMINHO DE CASA PARA A ESCOLA. EXPLIQUE AO PROFESSOR E AOS COLEGAS O QUE CADA PLACA SIGNIFICA.

5 TESTE SEUS CONHECIMENTOS SOBRE AS LEIS DE TRÂNSITO.
O COMPORTAMENTO REPRESENTADO EM CADA CENA ESTÁ CERTO OU ERRADO? ASSINALE A ALTERNATIVA CORRESPONDENTE. SE ESTIVER ERRADO, FAÇA UM DESENHO NO QUADRO AO LADO CORRIGINDO A CENA.

Ilustrações: Ilustra Cartoon/Arquivo da editora

☐ CERTO. ☐ ERRADO.

☐ CERTO. ☐ ERRADO.

ORGANIZANDO A CIRCULAÇÃO DE PESSOAS NA ESCOLA

NA ESCOLA, HÁ GRANDE CIRCULAÇÃO DE PESSOAS E, ÀS VEZES, ACONTECEM ESBARRÕES ENTRE ELAS. QUE TAL VIVER POR UM DIA A EXPERIÊNCIA DE SER UM AGENTE DE TRÂNSITO?

MATERIAL NECESSÁRIO

- CARTOLINA
- LÁPIS GRAFITE
- BORRACHA
- LÁPIS DE COR
- CANETINHAS COLORIDAS
- FITA ADESIVA
- APITO (OPCIONAL)

Ilustra Cartoon/Arquivo da editora

COMO FAZER

1 A PRIMEIRA TAREFA É OBSERVAR! UM AGENTE DE TRÂNSITO PRECISA CONHECER A MANEIRA COMO AS PESSOAS CIRCULAM EM UM LOCAL ANTES DE PREPARAR ALGUMAS AÇÕES PARA ORGANIZAR O VAIVÉM DELAS. AGUARDE AS INSTRUÇÕES DO PROFESSOR PARA VISITAR OS LUGARES MAIS MOVIMENTADOS DA ESCOLA. OBSERVE A DIFICULDADE DAS PESSOAS EM SITUAÇÕES COMO A SAÍDA DA SALA PARA O PÁTIO NO INTERVALO OU O FIM DAS AULAS: HÁ EMPURRA-EMPURRA E BAGUNÇA?

Ilustra Cartoon/Arquivo da editora

2 VOCÊ IDENTIFICOU PROBLEMAS NA CIRCULAÇÃO DAS PESSOAS? HÁ SITUAÇÕES QUE PODEM SER GRAVES? CONVERSE COM O PROFESSOR E OS COLEGAS SOBRE ISSO.

3 EM GRUPOS, PENSEM EM SOLUÇÕES PARA AJUDAR A MELHORAR A CIRCULAÇÃO NA ESCOLA. QUE SINAIS DE TRÂNSITO PODERIAM SER UTILIZADOS PARA ORIENTAR AS PESSOAS?

4 CONFECCIONEM OS SINAIS NA CARTOLINA. ELES PODEM SER USADOS NO CHÃO E NA PAREDE. FIXEM OS SINAIS NOS LUGARES INDICADOS NO DIA MARCADO PELO PROFESSOR.

5 PARA AJUDAR AS PESSOAS A COMPREENDER E SEGUIR AS ORIENTAÇÕES, VOCÊS PODEM, COM O AUXÍLIO DE UM APITO, DAR INDICAÇÕES DAS DIREÇÕES A SEGUIR E DO SIGNIFICADO DOS SINAIS.

6 DEPOIS, A CLASSE VAI SE REUNIR E AVALIAR A EXPERIÊNCIA: O TRABALHO DO AGENTE DE TRÂNSITO É IMPORTANTE? POR QUÊ?

UNIDADE 2

FAMÍLIAS

Bruna Assis Brasil/Arquivo da editora

ENTRE NESTA RODA

- QUAIS DOS LUGARES REPRESENTADOS NAS ILUSTRAÇÕES VOCÊ RECONHECE?
- COMO SERÁ QUE AS FAMÍLIAS DESSES LUGARES SE DIVERTEM?
- QUAIS SÃO AS SEMELHANÇAS E AS DIFERENÇAS ENTRE AS FAMÍLIAS REPRESENTADAS?

NESTA UNIDADE VAMOS ESTUDAR...

- OS COSTUMES DAS FAMÍLIAS AO REDOR DO MUNDO
- HÁBITOS ALIMENTARES
- A INFLUÊNCIA DO AMBIENTE EM NOSSOS HÁBITOS

3 COMEMORAÇÕES EM FAMÍLIA

EXPLORE A PÁGINA + E DIVIRTA-SE!

CADA FAMÍLIA TEM SEUS COSTUMES, QUE PODEM SER OBSERVADOS NAS ROUPAS, NAS COMIDAS, NAS COMEMORAÇÕES, ENTRE OUTROS.

AS FOTOGRAFIAS DESTA PÁGINA E DA PÁGINA SEGUINTE MOSTRAM FAMÍLIAS REUNIDAS EM OCASIÕES ESPECIAIS. APESAR DE SEREM DIFERENTES, ELAS TÊM MUITO EM COMUM.

Granger Wootz/Tetra Images/Getty Images

FAMÍLIA COMEMORA O DIA DA AÇÃO DE GRAÇAS EM NOVA YORK, NOS ESTADOS UNIDOS, 2017. O DIA DE AÇÃO DE GRAÇAS É UMA DATA COMEMORADA PRINCIPALMENTE NOS ESTADOS UNIDOS. AS FAMÍLIAS SE REÚNEM PARA AGRADECER POR TUDO DE BOM QUE ACONTECEU NO ANO. O PERU ASSADO É UM PRATO TRADICIONAL DESSA CELEBRAÇÃO.

MENINA CELEBRA COM SUA FAMÍLIA O DIA DOS MORTOS EM OAXACA, NO MÉXICO, 2014. O DIA DOS MORTOS É UMA FESTA MUITO POPULAR NO MÉXICO. AS PESSOAS DA FAMÍLIA PINTAM OU VESTEM MÁSCARAS DE CAVEIRA, ENFEITAM SUAS CASAS E FAZEM AS COMIDAS PREFERIDAS DOS FAMILIARES QUE JÁ PARTIRAM PARA HOMENAGEÁ-LOS. UM PRATO TÍPICO É O PÃO DOS MORTOS, PÃO DOCE FEITO COM ANIS E CHÁ DE FLOR DE LARANJEIRA.

Joel Carillet/iStock Unreleased/Getty Images

Thomas Coex/Agência France-Presse

ADOLESCENTE E SEUS FAMILIARES EM CERIMÔNIA DE *BAR MITZVAH*, EM JERUSALÉM, ISRAEL, 2018. O *BAT MITZVAH* (PARA MENINAS DE 12 ANOS) E O *BAR MITZVAH* (PARA MENINOS DE 13 ANOS) SÃO RITUAIS JUDAICOS QUE MARCAM A PASSAGEM DA INFÂNCIA PARA A VIDA ADULTA. SÃO CELEBRAÇÕES MUITO IMPORTANTES PARA AS FAMÍLIAS JUDAICAS. O *CHALLAH* É UM PÃO TRANÇADO SERVIDO ESPECIALMENTE EM FESTAS JUDAICAS.

Blue Jean Images/Alamy/Fotoarena

FAMÍLIA REUNIDA PARA CELEBRAR O ANO-NOVO CHINÊS EM BEIJING, NA CHINA, 2014. POR FAZER PARTE DE UM CALENDÁRIO DIFERENTE DO NOSSO, O ANO-NOVO CHINÊS É CELEBRADO EM UM DIA DIFERENTE A CADA ANO. UM PRATO TÍPICO DESSA FESTA É O *JIAOZI*, BOLINHO RECHEADO DE CARNE E COZIDO NO VAPOR.

NO BRASIL, POR EXEMPLO, AS PESSOAS DE MUITAS FAMÍLIAS COSTUMAM SE REUNIR PARA COMEMORAR O ANO-NOVO VESTIDAS DE BRANCO, QUE SIMBOLIZA A PAZ.

- OS COSTUMES DAS FAMÍLIAS DAS FOTOS SÃO PARECIDOS COM OS COSTUMES DA SUA FAMÍLIA? CITE AS SEMELHANÇAS E AS DIFERENÇAS.

1 NO QUADRO ABAIXO, COLE UMA FOTO SUA EM UMA COMEMORAÇÃO DE FAMÍLIA. NA IMAGEM DEVEM APARECER VOCÊ, SEUS FAMILIARES OU RESPONSÁVEIS E UM ALIMENTO TÍPICO DESSA COMEMORAÇÃO.

SE NÃO TIVER FOTO, FAÇA UM DESENHO OU UMA COLAGEM PARA REPRESENTAR ESSA OCASIÃO. LEMBRE-SE DE IDENTIFICAR A CELEBRAÇÃO.

2 AGORA, RESPONDA:

A) QUEM ESTÁ À SUA DIREITA NA FOTO, NO DESENHO OU NA COLAGEM?

....

B) QUEM ESTÁ À SUA ESQUERDA?

....

C) COMENTE COM O PROFESSOR E OS COLEGAS SE OS ALIMENTOS QUE APARECEM FAZEM PARTE DA ALIMENTAÇÃO DIÁRIA DA FAMÍLIA.

3 TER UMA ALIMENTAÇÃO VARIADA E CONSUMIR ALIMENTOS FRESCOS É MUITO IMPORTANTE PARA A SAÚDE.

ASSINALE COM UM **X** OS ALIMENTOS QUE VOCÊ COSTUMA CONSUMIR EM SEU DIA A DIA. DEPOIS, REFLITA: ESSES ALIMENTOS SÃO OS MAIS INDICADOS PARA MANTER SEU CORPO FORTE E SAUDÁVEL?

Reprodução/Arquivo da editora

Barbara Dudzinska/Shutterstock

Aimmi/Shutterstock

Fernando Favoretto/Criar Imagem

CKP1001/Shutterstock

Africa Studio/Shutterstock

SAIBA MAIS

ARROZ E FEIJÃO

A CULINÁRIA BRASILEIRA É BASTANTE DIVERSIFICADA. CADA LUGAR TEM SEUS PRATOS TÍPICOS: ACARAJÉ, ARROZ DE CARRETEIRO, ARROZ COM PEQUI, CALDO DE PIRANHA, CHURRASCO, FEIJÃO-TROPEIRO, ENTRE OUTROS.

Rafaela Delli Paoli/ Alamy/Fotoarena

ARROZ COM FEIJÃO.

OS INGREDIENTES UTILIZADOS VARIAM DE ACORDO COM O LUGAR, MAS HÁ DOIS ALIMENTOS QUE ESTÃO PRESENTES NA MESA DA MAIOR PARTE DAS FAMÍLIAS BRASILEIRAS: O ARROZ E O FEIJÃO.

VOCÊ SABIA QUE NO MUNDO HÁ DIVERSOS TIPOS DE ARROZ E DE FEIJÃO QUE PODEM SER PREPARADOS DE OUTRAS MANEIRAS?

riphoto3/Shutterstock

O *MANJU* (À ESQUERDA) E O *DAIFUKUMOCHI* (À DIREITA) SÃO EXEMPLOS DE DOCES TÍPICOS DO JAPÃO. O *MANJU* É UM DOCE COZIDO RECHEADO DE *ANKO* (PASTA DOCE DE FEIJÃO AZUKI). O *DAIFUKUMOCHI* É FEITO COM ARROZ MOCHI E TAMBÉM PODE SER RECHEADO DE *ANKO*.

Dolly MJ/Shutterstock

O AMBIENTE INFLUENCIA NOSSOS HÁBITOS

Joana Kruse/Alamy/Fotoarena

Luciola Zvarick/Pulsar Imagens

- EM SUA OPINIÃO, ONDE VIVEM AS PESSOAS DAS FOTOS?
- AS ROUPAS QUE ESSAS PESSOAS USAM TÊM RELAÇÃO COM O CLIMA DO LUGAR ONDE VIVEM? POR QUÊ?
- VOCÊ JÁ ESTEVE EM UM LUGAR PARECIDO COM OS DAS FOTOS? ONDE? CONTE AO PROFESSOR E AOS COLEGAS.

Bacho/Shutterstock

PIZZA.

Kongsak/Shutterstock

SUSHIS.

simas2/Shutterstock

PASTEL DE BELÉM.

Deposit Photos/Fotoarena

BABAGANUCHE, *HOMUS*, FALAFEL, TABULE E PÃO PITA.

gowithstock/Shutterstock

TACOS.

- VOCÊ CONHECE OS ALIMENTOS APRESENTADOS NAS FOTOS? EM CASA, COM AJUDA DE UM ADULTO, PESQUISE A ORIGEM DESSES ALIMENTOS. DEPOIS, COMPARTILHE SUAS DESCOBERTAS COM O PROFESSOR E OS COLEGAS.
- CONVERSE COM OS ADULTOS DE SUA FAMÍLIA E PERGUNTE A ELES QUAIS COSTUMES HERDADOS DE AVÓS OU OUTROS **ANTEPASSADOS** FORAM MANTIDOS E SE ESTÃO RELACIONADOS ÀS CARACTERÍSTICAS DO LUGAR DE ORIGEM DESSAS PESSOAS. COMPARTILHE SUAS DESCOBERTAS COM O PROFESSOR E OS COLEGAS.

ANTEPASSADOS: GERAÇÕES ANTERIORES DE UMA PESSOA.

RECEITA DE FAMÍLIA

DIVERSAS FAMÍLIAS TÊM CADERNOS DE RECEITAS QUE PASSAM DE GERAÇÃO EM GERAÇÃO. COM UMA RECEITA DESSAS EM MÃOS, UMA CRIANÇA, EM COMPANHIA DE UM ADULTO, PODE PREPARAR O DOCE FAVORITO DE SEU BISAVÔ MESMO SEM NUNCA TÊ-LO CONHECIDO.

VOCÊ SABE QUAL É O PRATO FAVORITO DE ALGUM DE SEUS FAMILIARES? QUEM COSTUMA PREPARÁ-LO? REGISTRE A RECEITA PARA QUE TODOS POSSAM CONHECÊ-LA.

MATERIAL NECESSÁRIO

- REVISTAS E JORNAIS
- LÁPIS DE COR
- CANETINHAS COLORIDAS
- TESOURA COM PONTAS ARREDONDADAS
- COLA

COMO FAZER

1 OBSERVE A RECEITA. QUAIS SÃO OS INGREDIENTES? COMO O PRATO É PREPARADO?

2 EM JORNAIS E REVISTAS, PROCURE FOTOS OU ILUSTRAÇÕES DOS INGREDIENTES DA RECEITA, RECORTE-AS E COLE-AS NO QUADRO DA PÁGINA SEGUINTE. VOCÊ TAMBÉM PODE DESENHAR OS INGREDIENTES.

G. Evangelista/Opção Brasil Imagens

3 ESCREVA O NOME DE CADA INGREDIENTE. INDIQUE A QUANTIDADE USADA NA RECEITA.

INGREDIENTES

4 AGORA, FAÇA DESENHOS QUE EXPLIQUEM COMO A RECEITA É PREPARADA. ORGANIZE AS ETAPAS NA SEQUÊNCIA CORRETA, DE ACORDO COM O PREPARO DO PRATO.

MODO DE PREPARO

UNIDADE 3

AS MORADIAS

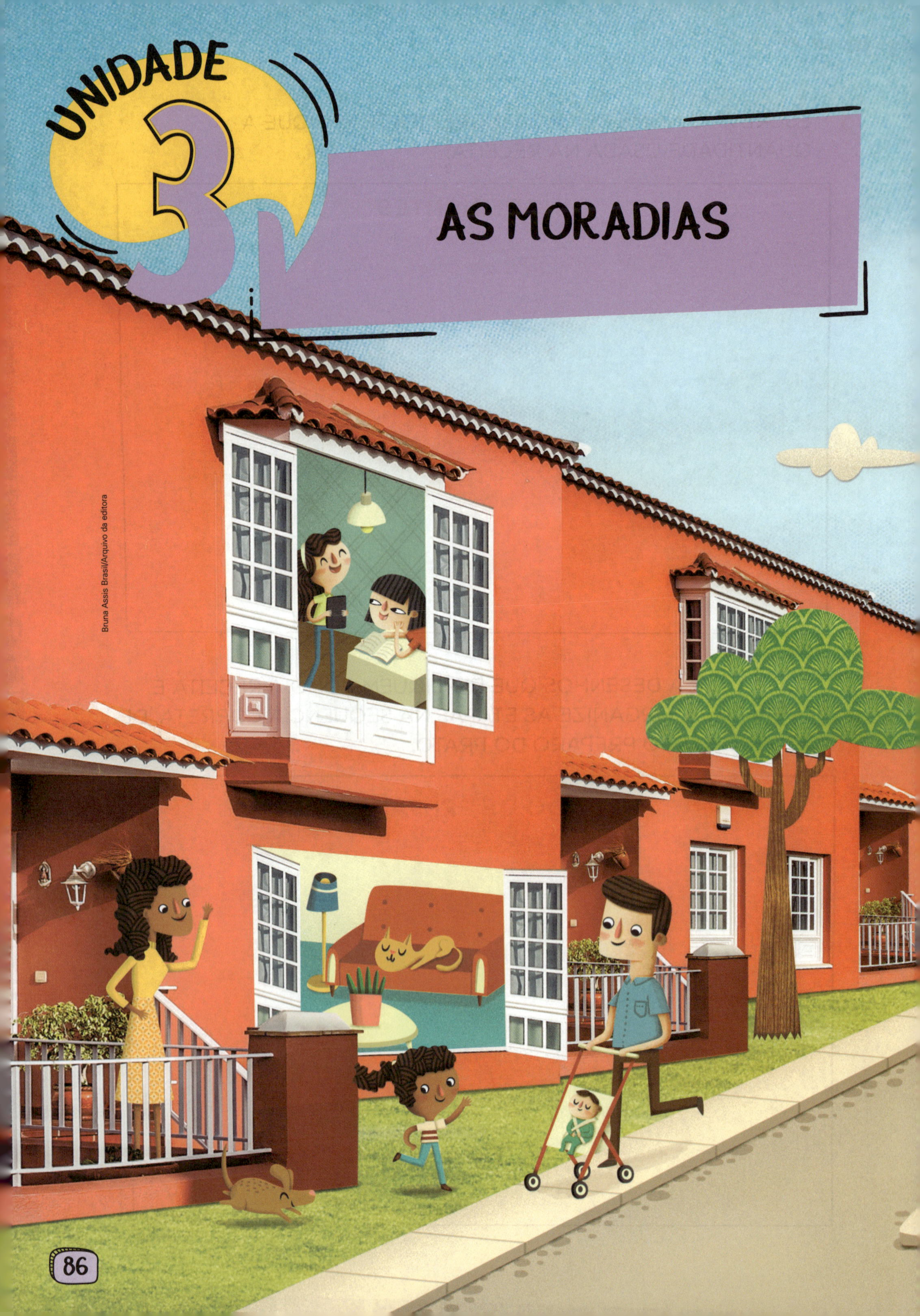

Bruna Assis Brasil/Arquivo da editora

ENTRE NESTA RODA

- COMO SÃO AS MORADIAS ILUSTRADAS?
- QUAIS SÃO AS SEMELHANÇAS E AS DIFERENÇAS ENTRE AS MORADIAS DA ILUSTRAÇÃO E A SUA MORADIA?
- QUEM SÃO AS PESSOAS QUE CONVIVEM COM VOCÊ NA SUA MORADIA?

NESTA UNIDADE VAMOS ESTUDAR...

- DIFERENTES TIPOS DE MORADIA
- MATERIAL UTILIZADO NA CONSTRUÇÃO DAS MORADIAS
- PROFISSIONAIS QUE PARTICIPAM DA CONSTRUÇÃO DE MORADIAS
- MORADIA COMO UM DIREITO DE TODOS
- OS CÔMODOS DA MORADIA E SUAS FUNÇÕES

4 DIFERENTES TIPOS DE MORADIA

A MORADIA É O ESPAÇO ONDE CONVIVEMOS COM NOSSOS FAMILIARES E AMIGOS. ELA É NOSSO ABRIGO. EM NOSSAS MORADIAS DESCANSAMOS, BRINCAMOS, FAZEMOS NOSSA HIGIENE PESSOAL, ENTRE OUTRAS ATIVIDADES.

HÁ DIFERENTES TIPOS DE MORADIA. ESSAS DIFERENÇAS OCORREM DE ACORDO COM O LUGAR ONDE SÃO CONSTRUÍDAS E COM AS PREFERÊNCIAS E AS CONDIÇÕES DE VIDA DAS PESSOAS.

OBSERVE AS FOTOS A SEGUIR.

Renato Soares/Pulsar Imagens

GAÚCHA DO NORTE, NO ESTADO DE MATO GROSSO, 2016. A MORADIA DO POVO INDÍGENA YAWALAPITI É FEITA DE MADEIRA E PALHA. A MORADIA É COLETIVA, OU SEJA, VÁRIAS FAMÍLIAS DIVIDEM O MESMO ESPAÇO.

Fabio Colombini/Acervo do fotógrafo

MANAUS, NO ESTADO DO AMAZONAS, 2018. AS PALAFITAS SÃO CASAS CONSTRUÍDAS SOBRE ESTACAS DE MADEIRA À BEIRA DE RIOS E CÓRREGOS. AS ESTACAS DEIXAM AS CASAS EM UMA ALTURA QUE A ÁGUA NÃO ALCANÇA.

Rubens Chaves/Pulsar Imagens

SALVADOR, NO ESTADO DA BAHIA, 2017. NAS CIDADES, HÁ DIVERSOS PRÉDIOS RESIDENCIAIS. NELES, AS PESSOAS VIVEM EM APARTAMENTOS.

Gerson Gerloff/Pulsar Imagens

SÃO JOSÉ DOS AUSENTES, NO ESTADO DO RIO GRANDE DO SUL, 2013. CASAS COMO ESTA TÊM O TELHADO BEM INCLINADO, PARA EVITAR O ACÚMULO DE NEVE NO INVERNO.

- COMO É A MORADIA ONDE VOCÊ VIVE? VOCÊ GOSTA DELA? CONTE AO PROFESSOR E AOS COLEGAS.

ATIVIDADES

1 OBSERVE AS FOTOS A SEGUIR.

MORADIA EM VITÓRIA DO XINGU, NO ESTADO DO PARÁ, 2017.

MORADIA EM SARAWAK, NA MALÁSIA, 2018.

- AGORA, CONVERSE COM O PROFESSOR E OS COLEGAS SOBRE AS SEGUINTES QUESTÕES:

A) QUAIS SÃO AS DIFERENÇAS ENTRE ESSAS MORADIAS?

B) HÁ SEMELHANÇAS ENTRE ELAS? QUAIS?

C) EM QUAL DAS MORADIAS HÁ MAIS CÔMODOS?

2 AGORA, DESENHE SUA MORADIA E QUEM VIVE NELA COM VOCÊ.

3 ACOMPANHE A LEITURA QUE O PROFESSOR VAI FAZER DO TEXTO A SEGUIR.

CASAS [SÃO] FEITAS DOS MAIS DIFERENTES MATERIAIS: CASAS DE FIOS, CASAS DE BARRO, CASAS DE PALHA, CASAS DE PAU A PIQUE E SAPÊ, CASAS DE MADEIRA, CASAS DE TIJOLO, CASAS DE DOCES E CONFEITOS, CASAS DE PEDRA, CASAS DE FERRO, CIMENTO E AÇO E CASAS FEITAS DE ESPERANÇA.

PARA CONSTRUIR UMA MORADIA, SÃO USADOS DIFERENTES MATERIAIS E SÃO MUITOS OS PROFISSIONAIS QUE TRABALHAM EM SUAS CONSTRUÇÕES.

TIJOLO, MADEIRA, GRANITO, BLOCO, TELHA, PALHA, AREIA, FERRO, FOLHA DE ZINCO, CAL, VIDRO, CIMENTO.

PEDREIRO, ELETRICISTA, PINTOR, ENCANADOR, ENGENHEIRO CIVIL, VIDRACEIRO, MARCENEIRO...

O LIVRO DAS CASAS, DE LIANA LEÃO. SÃO PAULO: CORTEZ, 2009.

Ilustra Cartoon/Arquivo da editora

A) CIRCULE DE **AZUL** OS ITENS QUE PODEM SER USADOS COMO MATERIAL DE CONSTRUÇÃO CITADOS NO PRIMEIRO PARÁGRAFO DO TEXTO.

B) CIRCULE DE **VERMELHO** OS NOMES DOS PROFISSIONAIS QUE TRABALHAM NA CONSTRUÇÃO DE MORADIAS CITADOS NO ÚLTIMO PARÁGRAFO DO TEXTO.

C) QUAIS DESSES ITENS FORAM USADOS NA CONSTRUÇÃO DA SUA MORADIA? ESCREVA ABAIXO. SE NECESSÁRIO, ACRESCENTE OUTROS À SUA LISTA.

....

....

....

SAIBA MAIS 

AS PRIMEIRAS MORADIAS DOS SERES HUMANOS

PARA GARANTIR A SOBREVIVÊNCIA, OS PRIMEIROS SERES HUMANOS BUSCAVAM LOCAIS ONDE PUDESSEM COLHER FRUTAS E RAÍZES, PESCAR E CAÇAR. QUANDO O ALIMENTO DE UM LUGAR ACABAVA, ELES PARTIAM EM BUSCA DE OUTRA ÁREA QUE OFERECESSE AS CONDIÇÕES NECESSÁRIAS À SUA SOBREVIVÊNCIA.

Johann Brandstetter/AKG Images/Album/Fotoarena

DESENHO FEITO COM LÁPIS POR JOHANN BRANDSTETTER, EM 2001, REPRESENTANDO COMO VIVIAM OS HOMENS NEANDERTAIS HÁ CERCA DE 35 MIL ANOS.

PARA SE PROTEGER DE ANIMAIS PERIGOSOS, DO SOL, DO FRIO, DA CHUVA E DO VENTO, OS SERES HUMANOS USAVAM CAVERNAS E GRUTAS. ELAS FORAM AS PRIMEIRAS MORADIAS DA HUMANIDADE.

Bertrand Rieger/Hemis/Agência France-Presse

GRUTA NO SÍTIO ARQUEOLÓGICO LE MOUSTIER, EM DORDONHA, NA FRANÇA, QUE REPRODUZ COMO VIVIAM OS SERES HUMANOS ANTIGAMENTE. FOTO DE 2015.

O TEMA É...

MORADIA, UM DIREITO DE TODAS AS PESSOAS

Marcos Casiano/Shutterstock

MORADIAS EM PLANALTINA, NO ESTADO DE GOIÁS, 2019. MORADIA DIGNA É UMA NECESSIDADE BÁSICA DE QUALQUER SER HUMANO. NO ENTANTO, UMA GRANDE PARCELA DA POPULAÇÃO BRASILEIRA NÃO TEM ONDE MORAR OU VIVE EM HABITAÇÕES **PRECÁRIAS** COMO AS DA FOTO.

PRECÁRIAS: EM MÁS CONDIÇÕES.

A MORADIA TEM A FUNÇÃO DE NOS FORNECER ABRIGO E PROTEÇÃO. ALÉM DISSO, É UM IMPORTANTE ESPAÇO DE CONVIVÊNCIA. NELA APRENDEMOS A NOS RELACIONAR COM OS FAMILIARES, A AJUDAR NA ORGANIZAÇÃO DO ESPAÇO, A DIVIDIR TAREFAS E A RESPEITAR REGRAS QUE AJUDAM TODOS A VIVER MELHOR NO DIA A DIA.

- VOCÊ ACHA IMPORTANTE TODAS AS PESSOAS TEREM UMA MORADIA? POR QUÊ?
- POR QUE NEM TODAS AS PESSOAS TÊM UMA MORADIA?
- NO LUGAR ONDE VOCÊ VIVE, HÁ PESSOAS QUE NÃO TÊM MORADIA? QUAIS SÃO OS MAIORES PROBLEMAS DESSAS PESSOAS?

- COMO VOCÊ ACHA QUE É A VIDA DE UMA CRIANÇA QUE NÃO TEM UMA MORADIA?
- O QUE AS CRIANÇAS DEIXAM DE APRENDER QUANDO NÃO TÊM UM ESPAÇO ADEQUADO DE CONVIVÊNCIA COM OS FAMILIARES?

HÁ MUITAS **ONGS** E OUTROS GRUPOS QUE OFERECEM ASSISTÊNCIA ÀS PESSOAS QUE NÃO TÊM UM LAR. VEJA A AÇÃO DE ALGUMAS ONGS NO BRASIL.

ONGS: SIGLA DE ORGANIZAÇÕES NÃO GOVERNAMENTAIS. AS ONGS SÃO FORMADAS POR GRUPOS DE PESSOAS QUE PRATICAM AÇÕES SOLIDÁRIAS PARA MELHORAR AS CONDIÇÕES DE VIDA DA SOCIEDADE.

Sara Schützer/Entrega por SP

CARTAZ DA ONG *ENTREGA POR SP* PEDINDO AJUDA PARA ENTREGAR ALIMENTOS PARA PESSOAS EM SITUAÇÃO DE RUA NA CIDADE DE SÃO PAULO, NO ESTADO DE SÃO PAULO. OS VOLUNTÁRIOS DESSA ONG TAMBÉM PROMOVEM RODAS DE CONVERSA PARA SE APROXIMAR DA REALIDADE DESSAS PESSOAS.

Reprodução/TETO Brasil

VOLUNTÁRIOS DA ONG *TETO* CONSTROEM MORADIAS EMERGENCIAIS NA CIDADE DE SÃO PAULO, NO ESTADO DE SÃO PAULO, EM 2018. OS VOLUNTÁRIOS DESSA ONG JÁ CONSTRUÍRAM MAIS DE 3500 CASAS PARA PESSOAS EM SITUAÇÃO DE RUA.

5 OS CÔMODOS DE UMA MORADIA

A MORADIA DE HELENA TEM CINCO CÔMODOS: DOIS QUARTOS, UM BANHEIRO, UMA SALA E UMA COZINHA. NO FUNDO, HÁ UM QUINTAL E, NA LATERAL, FICA A GARAGEM.

CADA DIVISÃO INTERNA DE UMA MORADIA CHAMA-SE CÔMODO. CADA CÔMODO É USADO PARA UMA ATIVIDADE DIFERENTE.

OBSERVE A CASA DE HELENA.

Ilustra Cartoon/Arquivo da editora

1 CONVERSE COM O PROFESSOR E OS COLEGAS SOBRE QUAIS ATIVIDADES PODEM SER REALIZADAS EM CADA CÔMODO DA MORADIA DE HELENA.

2 FAÇA AS ATIVIDADES DAS PÁGINAS 12 E 13 DO **CADERNO DE MAPAS**.

1 OBSERVE O DESENHO DO QUARTO DE PEDRO. DEPOIS, FAÇA O QUE SE PEDE.

Ilustra Cartoon/Arquivo da editora

A) FAÇA UM **X** NO OBJETO QUE ESTÁ NA PRATELEIRA DE CIMA DA ESTANTE.

B) CIRCULE DE **VERDE** O OBJETO QUE ESTÁ NA PRATELEIRA DO MEIO.

C) DESENHE UMA BOLA NA PRATELEIRA DE BAIXO.

D) PINTE OS OBJETOS DA ESTANTE DA COR QUE QUISER.

2 FAÇA AS ATIVIDADES DAS PÁGINAS 6 E 7 DO **CADERNO DE MAPAS**.

3 FAÇA A ATIVIDADE *MORADIAS DE PAPEL* DA PÁGINA 13 DO **CADERNO DE CRIATIVIDADE E ALEGRIA**.

CONSTRUINDO MORADIAS DE CARTOLINA

VOCÊ VIU QUE HÁ DIFERENTES TIPOS DE MORADIA.

AGORA, QUE TAL CONSTRUIR ALGUMAS MORADIAS COM CARTOLINA?

MATERIAL NECESSÁRIO

- CARTOLINA
- RÉGUA
- PALITOS DE SORVETE
- CARRINHOS DE BRINQUEDO
- BONEQUINHOS DE PESSOAS
- CAIXA DE PAPELÃO OU UM PEDAÇO QUADRADO DE ISOPOR
- TINTA GUACHE
- COLA
- TESOURA DE PONTAS ARREDONDADAS
- REVISTAS E JORNAIS
- CANETINHAS COLORIDAS OU LÁPIS DE COR

COMO FAZER

1  FORME UM GRUPO COM MAIS QUATRO COLEGAS. NA CARTOLINA, CADA UM VAI DESENHAR E PINTAR UM TIPO DE MORADIA: CASAS TÉRREAS, SOBRADOS, PRÉDIOS, SÍTIOS, ENTRE OUTROS.

Ilustra Cartoon/Arquivo da editora

2. VOCÊS TAMBÉM PODEM RECORTAR, DE REVISTAS E JORNAIS, FIGURAS QUE REPRESENTEM DIFERENTES TIPOS DE MORADIA E COLAR NA CARTOLINA. DEPOIS, RECORTEM A FIGURA DA CARTOLINA.

Ilustrações: Ilustra Cartoon/Arquivo da editora

3. EM SEGUIDA, PEGUEM UM PALITO DE SORVETE E COLEM NA PARTE DE TRÁS DA FIGURA, DEIXANDO SOBRAR UMA PARTE DO PALITO NA PARTE DE BAIXO. OBSERVEM NA FIGURA AO LADO COMO DEVE FICAR.

4. ESPETEM O PALITO NO ISOPOR OU NA TAMPA DA CAIXA DE PAPELÃO, ORGANIZANDO AS MORADIAS COMO SE FORMASSEM UMA RUA.

5. SE QUISEREM, PINTEM AS RUAS COM TINTA GUACHE E CRIEM OUTROS ELEMENTOS PARA COMPOR O ESPAÇO, COMO ÁRVORES. COLOQUEM CARRINHOS NAS RUAS E BONECOS DE PESSOAS NA CALÇADA.

6. O TRABALHO ESTÁ PRONTO! COM O PROFESSOR, ORGANIZEM A EXPOSIÇÃO “TIPOS DE MORADIA”. OBSERVEM AS MORADIAS REPRESENTADAS PELA TURMA.

A ESCOLA E OS ARREDORES

ENTRE NESTA RODA

- O LUGAR ONDE SE LOCALIZA A ESCOLA EM QUE VOCÊ ESTUDA SE PARECE COM O QUE MOSTRA A ILUSTRAÇÃO? O QUE É SEMELHANTE? O QUE É DIFERENTE?
- QUEM SÃO AS PESSOAS RETRATADAS NESSA ILUSTRAÇÃO?
- COMO VOCÊ COSTUMA IR PARA A ESCOLA?

NESTA UNIDADE VAMOS ESTUDAR...

- A SALA DE AULA E OS OBJETOS QUE HÁ NELA
- O CAMINHO DA MORADIA ATÉ A ESCOLA
- SALAS DE AULA DIFERENTES
- O ENDEREÇO DA ESCOLA

Bruna Assis Brasil/Arquivo da editora

6 A SALA DE AULA

UMA ESCOLA PODE TER VÁRIOS ESPAÇOS: SALAS DE AULA, PÁTIO, BIBLIOTECA, SALA DOS PROFESSORES, SECRETARIA, QUADRA, ENTRE OUTROS.

NA SALA DE AULA, OS ALUNOS ESTUDAM, FAZEM TRABALHOS, TROCAM IDEIAS E EXPERIÊNCIAS.

EM UMA SALA DE AULA, GERALMENTE, ENCONTRAMOS MESAS, CADEIRAS, CARTEIRAS, LOUSA, CESTO DE LIXO E ARMÁRIOS.

OBSERVE A SALA DE AULA EM QUE CARLOS ESTUDA.

Ilustra Cartoon/Arquivo da editora

1 AGORA, RESPONDA: A SALA DE AULA EM QUE VOCÊ ESTUDA É PARECIDA COM A DE CARLOS? QUAIS SÃO AS SEMELHANÇAS? E QUAIS SÃO AS DIFERENÇAS?

2 FAÇA AS ATIVIDADES DAS PÁGINAS 14 E 15 DO **CADERNO DE MAPAS**.

SAIBA MAIS +

APRENDER ALÉM DA SALA DE AULA

HÁ MUITAS COISAS DIVERTIDAS PARA FAZER DENTRO E FORA DA SALA DE AULA. CADA ESPAÇO DA ESCOLA TEM REGRAS DE CONVIVÊNCIA ESPECÍFICAS E PROPORCIONA DIFERENTES FORMAS DE APRENDER.

Luis Salvatore/Pulsar Imagens

CRIANÇAS NA BIBLIOTECA DE UMA ESCOLA PÚBLICA EM TRACUATEUA, NO ESTADO DO PARÁ, 2014.

NA BIBLIOTECA, POR EXEMPLO, É PRECISO FAZER SILÊNCIO. NÃO PODEMOS COMER NEM BEBER LÁ DENTRO, PARA NÃO MOLHAR OU SUJAR OS MATERIAIS E O ESPAÇO.

OS LIVROS, JORNAIS E REVISTAS QUE FAZEM PARTE DA BIBLIOTECA PODEM SER ANTIGOS OU ATUAIS.

ALÉM DE SER UM LUGAR PARA ESTUDAR, PESQUISAR E FAZER TRABALHOS, A BIBLIOTECA PODE SER UM ESPAÇO DE LAZER, ONDE PODEMOS DESFRUTAR DE BONS MOMENTOS DE LEITURA E VIVER MUITAS AVENTURAS IMAGINÁRIAS.

NA QUADRA, PODEMOS APRENDER AS REGRAS DE MUITOS ESPORTES, JOGOS E BRINCADEIRAS. COM ISSO NOS DIVERTIMOS, PRATICAMOS ATIVIDADES FÍSICAS SAUDÁVEIS, DESENVOLVEMOS HABILIDADES CORPORAIS E CULTURAIS, ENTRE OUTROS APRENDIZADOS.

Fernando Favoretto/Criar Imagem

CRIANÇAS PULAM CORDA OBSERVADAS PELA PROFESSORA, EM PÁTIO DE COLÉGIO DE SÃO PAULO, NO ESTADO DE SÃO PAULO, 2018.

1 ACOMPANHE A LEITURA QUE O PROFESSOR VAI FAZER DO POEMA A SEGUIR.

VAMOS BRINCAR DE ESCOLA?

MENINA, MINHA MENINA,
ONDE VOCÊ VAI AGORA?
EU QUERO IR COM VOCÊS.
COM HENRIQUE E COM ISADORA.

— VOU-ME EMBORA, VOU-ME EMBORA,
TENHO MUITO QUE FAZER.
TENHO DE IR PARA A ESCOLA,
PARA BRINCAR E APRENDER.

— ÀS VEZES TENHO VONTADE
DE IR À ESCOLA TAMBÉM.
ESCONDIDA NA MOCHILA,
VER SE OS NETOS ESTÃO BEM.

— SE EU FOSSE A PEQUERRUCHA
OU O PEQUENO POLEGAR,
ME ESCONDIA NO SEU BOLSO,
PODIA TUDO ESPIAR.
[...]

VAMOS BRINCAR DE ESCOLA?, DE ANA MARIA MACHADO. SÃO PAULO: SALAMANDRA, 2005.

- AGORA, ASSINALE AS ALTERNATIVAS CORRETAS.

A) PARA ONDE A MENINA DO POEMA VAI?

☐ PARA A PADARIA. ☐ PARA A ESCOLA.

B) O QUE A MENINA VAI FAZER NESSE LUGAR?

☐ BRINCAR E APRENDER. ☐ BRINCAR E JOGAR.

C) QUAL É A PESSOA DA FAMÍLIA DE HENRIQUE E ISADORA QUE TEM VONTADE DE IR À ESCOLA TAMBÉM?

☐ O IRMÃO. ☐ A AVÓ.

2 FAÇA UM **X** NOS OBJETOS QUE HÁ NA SUA SALA DE AULA.

mirzavisoko/Shutterstock

Bruno Haver/Alamy/Fotoarena

Vinte/Shutterstock

igorstevanovic/Shutterstock

3 FAÇA UMA LISTA DE OUTROS OBJETOS QUE EXISTEM EM SUA SALA DE AULA E QUE NÃO APARECEM ACIMA.

....

....

....

4 COM A AJUDA DO PROFESSOR, ESCREVA O NOME DO COLEGA QUE SE SENTA:

A) À SUA FRENTE: ....

B) ATRÁS DE VOCÊ: ....

C) À SUA DIREITA: ....

D) À SUA ESQUERDA: ....

7 O CAMINHO DA MORADIA ATÉ A ESCOLA

PARA IR ATÉ A ESCOLA, BÁRBARA FAZ O TRAJETO A PÉ, ACOMPANHADA DE SEU PAI.

A LOJA DE ROUPAS É O PONTO DE REFERÊNCIA DA MENINA. QUANDO VÊ A LOJA, BÁRBARA SABE QUE JÁ ESTÁ PERTO DA ESCOLA.

OBSERVE A ILUSTRAÇÃO.

Ilustra Cartoon/Arquivo da editora

- CONTE AO PROFESSOR E AOS COLEGAS OS PRINCIPAIS PONTOS DE REFERÊNCIA QUE VOCÊ VÊ NO TRAJETO DA SUA MORADIA ATÉ A ESCOLA.

- O QUE VOCÊ COSTUMA VER NO TRAJETO ATÉ A ESCOLA? ASSINALE.

Alf Ribeiro/Shutterstock

Karina ka fotos/Shutterstock

João Prudente/Pulsar Imagens

Karina ka fotos/Shutterstock

Junior Braz/Shutterstock

Dado Photos/Shutterstock

ROBERTA BLONKOWSKI/Shutterstock

Celli07/Shutterstock

O TEMA É...

SALAS DE AULA PELO MUNDO

- VOCÊ ACHA IMPORTANTE TODAS AS CRIANÇAS FREQUENTAREM A ESCOLA? POR QUÊ?
- NO LUGAR ONDE VOCÊ VIVE, TODAS AS CRIANÇAS FREQUENTAM A ESCOLA? SE NÃO FREQUENTAM, POR QUE VOCÊ ACHA QUE ISSO ACONTECE?
- QUAIS SALAS DE AULA DAS FOTOS A SEGUIR SÃO PARECIDAS COM A SUA? E QUAIS SÃO DIFERENTES?

AS SALAS DE AULA NÃO SÃO IGUAIS UMAS ÀS OUTRAS. MAS UMA COISA É IGUAL EM TODO O MUNDO: TODAS AS CRIANÇAS TÊM O DIREITO DE FREQUENTAR A ESCOLA.

Jose_Matheus/Shutterstock

CRIANÇAS DO ENSINO FUNDAMENTAL NA SALA DE AULA DE UMA ESCOLA DE MRAUK, NO MIANMAR, UM PAÍS LOCALIZADO NA ÁSIA. FOTO DE 2016.

Du Zuppani/Pulsar Imagens

CRIANÇAS DO ENSINO FUNDAMENTAL NA SALA DE AULA DE UMA ESCOLA NA ALDEIA AIHA, DO POVO INDÍGENA KALAPALO, EM QUERÊNCIA, NO ESTADO DE MATO GROSSO. FOTO DE 2018.

Lubos Paukeje/Alamy/Fotoarena

CRIANÇAS DO ENSINO FUNDAMENTAL NA SALA DE AULA DE UMA ESCOLA SOMENTE DE MENINAS, EM KENDWA, NO ZANZIBAR, UM PAÍS AFRICANO. FOTO DE 2018.

A SALA DE AULA É UM IMPORTANTE ESPAÇO DE CONVÍVIO. NELA, VOCÊ ENCONTRA O PROFESSOR E OS COLEGAS E, COM ELES, APRENDE E COMPARTILHA MUITAS COISAS.

CatherineLProd/Shutterstock

CRIANÇAS DO ENSINO FUNDAMENTAL NA SALA DE AULA DE UMA ESCOLA SOMENTE DE MENINOS, EM PUDUCHERRY, NA ÍNDIA, UM PAÍS ASIÁTICO. FOTO DE 2018.

- QUAL É A PRINCIPAL DIFERENÇA ENTRE A SALA DE AULA DA PRIMEIRA FOTO E AS OUTRAS SALAS?
- EM QUAL DESSAS SALAS DE AULA VOCÊ GOSTARIA DE ESTUDAR? POR QUÊ?
- COMO AS CARTEIRAS DE SUA SALA DE AULA SÃO ORGANIZADAS?

8 O ENDEREÇO DA ESCOLA

A PROFESSORA DE CLARA LEVOU A TURMA PARA FAZER UM PASSEIO PELO BAIRRO ONDE FICA A ESCOLA. AS CRIANÇAS OBSERVARAM TUDO COM BASTANTE ATENÇÃO.

NO FINAL DA ATIVIDADE, A PROFESSORA PEDIU AOS ALUNOS QUE INDICASSEM A LOCALIZAÇÃO DA ESCOLA EM UM DESENHO. VEJA.

- OBSERVE O DESENHO E CONVERSE COM O PROFESSOR E OS COLEGAS SOBRE A LOCALIZAÇÃO DA ESCOLA DE CLARA. DEPOIS, CIRCULE A ESCOLA NO DESENHO.

1 COM A AJUDA DO PROFESSOR, ESCREVA O ENDEREÇO DE SUA ESCOLA.

NOME DA ESCOLA: ....

....

....

ENDEREÇO: ....

....

BAIRRO: ....

CIDADE: ....

2 FAÇA UM DESENHO DA RUA ONDE SUA ESCOLA ESTÁ LOCALIZADA.

DESENHANDO A ESCOLA E OS ARREDORES

VOCÊ CONHECE BEM A SUA ESCOLA E O QUE HÁ AO REDOR DELA? VOCÊ SABE SE ELA SEMPRE FOI DO JEITO COMO É HOJE?

QUE TAL FAZER UM DESENHO DA SUA ESCOLA E DOS ARREDORES MOSTRANDO COMO ELA É HOJE? DEPOIS, VOCÊ FARÁ UMA ENTREVISTA COM FUNCIONÁRIOS DA ESCOLA PARA DESCOBRIR SE HOUVE TRANSFORMAÇÕES AO LONGO DO TEMPO.

MATERIAL NECESSÁRIO

- FOLHA DE PAPEL SULFITE
- LÁPIS GRAFITE
- LÁPIS DE COR, GIZ DE CERA OU TINTA GUACHE

COMO FAZER

1. NA FOLHA DE PAPEL SULFITE, DESENHE SUA ESCOLA E O QUE VOCÊ OBSERVA NOS ARREDORES: RUAS, ESTABELECIMENTOS COMERCIAIS, PLACAS DE TRÂNSITO E PRAÇAS, POR EXEMPLO.

2. PINTE SEU DESENHO. IDENTIFIQUE SUA ESCOLA ESCREVENDO O NOME DELA NO DESENHO.

Ilustra Cartoon/Arquivo da editora

3 CONVIDE UM FUNCIONÁRIO DA ESCOLA PARA SER ENTREVISTADO. COM A AJUDA DELE, LEIA AS PERGUNTAS DA ENTREVISTA E ANOTE AS RESPOSTAS.

NOME DO ENTREVISTADO: ....

....

1. QUAL É O TRABALHO QUE VOCÊ REALIZA NA ESCOLA?

....

....

2. HÁ QUANTO TEMPO VOCÊ TRABALHA NA ESCOLA?

....

3. POR QUAIS MUDANÇAS A ESCOLA PASSOU DESDE QUE VOCÊ COMEÇOU A TRABALHAR AQUI?

....

....

....

4. QUAIS FORAM AS PRINCIPAIS MUDANÇAS QUE OCORRERAM NO ENTORNO DA ESCOLA DESDE QUE VOCÊ TRABALHA AQUI?

....

....

....

4 O PROFESSOR VAI MARCAR UM DIA PARA A TURMA APRESENTAR O DESENHO E A ENTREVISTA.

BIBLIOGRAFIA

ALLAN, Luciana. *Escola.com*: como as novas tecnologias estão transformando a educação na prática. Barueri: Figurati, 2015.

ALMEIDA, R. D. (Org.). *Cartografia escolar*. São Paulo: Contexto, 2014.

ALMEIDA, T. T. de O. *Jogos e brincadeiras no Ensino Infantil e Fundamental*. São Paulo: Cortez, 2005.

BANNELL, Ralph Ings et al. *Educação no século XXI*: cognição, tecnologias e aprendizagens. Petrópolis: Vozes; Rio de Janeiro: Editora PUC, 2016.

BITTENCOURT, C. (Org.). *O saber histórico na sala de aula*. São Paulo: Contexto, 2006.

BORGES, Dâmaris Simon Camelo; MARTURANO, Edna Maria. *Alfabetização em valores humanos* – um método para o ensino de habilidades sociais. São Paulo: Summus, 2012.

BOSCHI, Caio César. *Por que estudar História?* São Paulo: Ática, 2007.

BRASIL. Ministério da Educação. Secretaria de Educação Básica. Fundo Nacional de Desenvolvimento da Educação. *Ensino Fundamental de nove anos*: orientações para a inclusão da criança de seis anos de idade. Brasília: SEB/FNDE, 2006.

______. Ministério da Educação. Secretaria de Educação Fundamental. Base Nacional Comum Curricular (BNCC), Brasília, 2017.

______. Ministério da Educação. Secretaria de Educação Fundamental. *Parâmetros Curriculares Nacionais*: Temas Transversais: Apresentação, Ética, Pluralidade Cultural, Orientação Sexual. Brasília, 1997.

BUENO, E. *A viagem do descobrimento*: a verdadeira história da expedição de Cabral. Rio de Janeiro: Objetiva, 1998.

CALDEIRA, J. et al. *Viagem pela história do Brasil*. São Paulo: Companhia das Letras, 1997.

CAPRA, F. et al. *Alfabetização ecológica*: a educação das crianças para um mundo sustentável. Tradução de Carmen Fischer. São Paulo: Cultrix, 2006.

CARVALHO, Anna Maria Pessoa de. (Org.). *Formação continuada de professores*: uma releitura das áreas do cotidiano. São Paulo: Cengage, 2017.

CASCUDO, L. da C. *Made in Africa*. São Paulo: Global, 2002.

COHEN, Elizabeth G.; LOTAN, Rachel A. *Planejando o trabalho em grupo*: estratégias para salas de aula heterogêneas. Tradução de Luís Fernando Marques Dorvillé, Mila Molina Carneiro, Paula Márcia Schmaltz Ferreira Rozin. Porto Alegre: Penso, 2017.

COLL, C.; TEBEROSKY, A. *Aprendendo História e Geografia*. São Paulo: Ática, 2000.

CURRIE, Karen Lois; CARVALHO, Sheila Elizabeth Currie de. *Nutrição*: interdisciplinaridade na prática. Campinas: Papirus, 2017.

DEBUS, Eliane. *A temática da cultura africana e afro-brasileira na literatura para crianças e jovens*. São Paulo: Cortez/Centro de Ciências da Educação, 2017.

DEMO, Pedro. *Habilidades e competências no século XXI*. Porto Alegre: Mediação, 2010.

DOW, K.; DOWNING, T. E. *O atlas da mudança climática*: o mapeamento completo do maior desafio do planeta. Tradução de Vera Caputo. São Paulo: Publifolha, 2007.

DUDENEY, Gavin; HOCKLY, Nicky; PEGRUM, Mark. *Letramentos digitais*. Tradução de Marcos Marciolino. São Paulo: Parábola Editorial, 2016.

FICO, Carlos. *História do Brasil contemporâneo*. São Paulo: Contexto, 2016.

FILIZOLA, R.; KOZEL, S. *Didática de Geografia*: memória da Terra — o espaço vivido. São Paulo: FTD, 1996.

GARDNER, H. *Mentes que mudam*: a arte e a ciência de mudar as nossas ideias e as dos outros. Tradução de Maria Adriana Veronese. Porto Alegre: Artmed, 2005.

GOULART, I. B. *Piaget*: experiências básicas para utilização pelo professor. Petrópolis: Vozes, 2003.

GUZZO, V. *A formação do sujeito autônomo*: uma proposta da escola cidadã. Caxias do Sul: Educs, 2004. (Educare).

KARNAL, L. *História na sala de aula*: conceitos, práticas e propostas. 5. ed. São Paulo: Contexto, 2007.

KRAEMER, L. *Quando brincar é aprender*. São Paulo: Loyola, 2007.

LA TAILLE, Yves de. *Limites*: três dimensões educacionais. São Paulo: Ática, 2000.

LUCKESI, C. C. *Avaliação da aprendizagem escolar*: estudos e proposições. 22. ed. São Paulo: Cortez, 2011.

MARZANO, R. J.; PICKERING, D. J.; POLLOCK, J. E. *O ensino que funciona*: estratégias baseadas em evidências para melhorar o desempenho dos alunos. Tradução de Magda Lopes. Porto Alegre: Artmed, 2008.

MATTOS, Regiane Augusto de. *História e cultura afro-brasileira*. São Paulo: Contexto, 2016.

MEIRELLES FILHO, J. C. *O livro de ouro da Amazônia*: mitos e verdades sobre a região mais cobiçada do planeta. Rio de Janeiro: Ediouro, 2004.

MELATTI, Julio Cezar. *Índios do Brasil*. São Paulo: Edusp, 2014.

MESGRAVIS, Laima. *História do Brasil colônia*. São Paulo: Contexto, 2017.

OLIVEIRA, Gislene de Campos. *Avaliação psicomotora à luz da psicologia e da psicopedagogia*. Petrópolis: Vozes, 2014.

PAGNONCELLI, Cláudia; MALANCHEN, Julia; MATOS, Neide da Silveira Duarte de. O *trabalho pedagógico nas disciplinas escolares*: contribuições a partir dos fundamentos da pedagogia histórico-crítica. Campinas: Armazém do Ipê, 2016.

PENTEADO, H. D. *Metodologia do ensino de História e Geografia*. São Paulo: Cortez, 2011.

PETTER, M.; FIORIN, J. L. (Org.). *África no Brasil*: a formação da língua portuguesa. São Paulo: Contexto, 2008.

SCHILLER, P.; ROSSANO, J. *Ensinar e aprender brincando*: mais de 750 atividades para Educação Infantil. Tradução de Ronaldo Cataldo Costa. Porto Alegre: Artmed, 2008.

SCHMIDT, M. A.; CAINELLI, M. *Ensinar História*. São Paulo: Scipione, 2004.

SILVA, A. da C. E. *Um rio chamado Atlântico*: a África no Brasil e o Brasil na África. Rio de Janeiro: Nova Fronteira/Ed. da UFRJ, 2003.

SILVA, J. F. da; HOFFMANN, J.; ESTEBAN, M. T. (Org.). *Práticas avaliativas e aprendizagens significativas*: em diferentes áreas do currículo. Porto Alegre: Mediação, 2003.

VERÍSSIMO, F. S. et al. *Vida urbana*: a evolução do cotidiano da cidade brasileira. Rio de Janeiro: Ediouro, 2001.

+

1 COMO VOCÊ VIU, TODOS FICAM FELIZES QUANDO NOS UNIMOS PARA CUIDAR DO QUE É DE TODOS. AGORA, RELACIONE CADA IMAGE COM UM BENEFÍCIO CORRESPONDENTE.

1

A TER UM ESPA PARA PRATIC ESPORTES.

2

B PODER COMI ALIMENTOS F

3

C TER SUA HIS VALORIZADA

4

D TER ACESSO ESPAÇOS GR PARA LAZER

5

E PODER RESP AR MAIS PUR

Ilustrações: Pedro Hamdan/Arquivo da editora

2 FAÇA NO QUADRO ABAIXO UM DESENHO SOBRE A IMPORTÂNCIA DE CUIDAR DO LUGAR ONDE VOCÊ MORA OU ESTUDA.